# 目 录

| 第一章 服装产品的面料 ........................ 1 |
| --- |

- 1.1 Photoshop梭织面料的设计 ........................ 2
  - 1.1.1 色织方格面料 ........................ 2
  - 1.1.2 亚麻面料 ........................ 3
  - 1.1.3 乔其纱面料 ........................ 4
  - 1.1.4 灯芯绒面料 ........................ 6
  - 1.1.5 蓝色暗纹羊毛面料 ........................ 8
  - 1.1.6 斜纹牛仔面料 ........................ 9
  - 1.1.7 天鹅绒面料 ........................ 11
- 1.2 Photoshop针织面料的设计 ........................ 14
  - 1.2.1 罗纹针织面料 ........................ 14
  - 1.2.2 绞花针织面料 ........................ 16
- 1.3 Photoshop皮草面料的设计 ........................ 18
  - 1.3.1 狐狸皮草面料 ........................ 18
  - 1.3.2 水洗印花皮草面料 ........................ 20
- 1.4 CorelDRAW梭织面料的设计 ........................ 20
  - 1.4.1 经典Buberry格面料 ........................ 20
  - 1.4.2 丝绸面料 ........................ 22
- 1.5 CorelDRAW针织面料的设计 ........................ 23
  - 1.5.1 钩织镂空针织面料 ........................ 23
  - 1.5.2 提花针织面料 ........................ 24
- 1.6 CorelDRAW皮草面料的设计 ........................ 26
  - 1.6.1 虎纹皮草面料 ........................ 26
  - 1.6.2 湖羊皮草面料 ........................ 28

课后练习 ........................ 29

第二章 服饰的色彩 ........................ 30

- 2.1 Photoshop服饰色彩效果表现 ........................ 31
  - 2.1.1 同一系列服装不同颜色效果图的设计 ........................ 31
  - 2.1.2 同一款式不同颜色的系列服装平面款式效果图的设计 ........................ 33
- 2.2 CorelDRAW服饰色彩效果表现 ........................ 34
  - 2.2.1 同一色相的配色 ........................ 34
  - 2.2.2 类似色的配色 ........................ 36
  - 2.2.3 撞色配色 ........................ 36
  - 2.2.4 节奏配色 ........................ 36
  - 2.2.5 平衡配色 ........................ 39
  - 2.2.6 统调配色 ........................ 39
  - 2.2.7 强调点缀配色 ........................ 43
  - 2.2.8 分离配色 ........................ 43

课后习题 ........................ 44

第三章 服饰的图案 ........................ 45

- 3.1 Photoshop图案的设计 ........................ 46
  - 3.1.1 方形图案 ........................ 46
  - 3.1.2 四方连续图案 ........................ 48
- 3.2 CorelDRAW图案的设计 ........................ 51
  - 3.2.1 圆形图案 ........................ 51
  - 3.2.2 二方连续图案 ........................ 55

课后练习 ........................ 57

## 第四章 服装平面款式图 .................................. 58

4.1 使用CorelDRAW绘制不同风格的服装平面款式图 ......................... 59
    4.1.1 简笔风格服装平面款式图 ................... 59
    4.1.2 动态风格服装平面款式图 ................... 64

4.2 使用Photoshop绘制动态风格的服装平面款式图 ......................... 69
    4.2.1 红色爱心礼服动态风格的正面款式图 ......................... 69
    4.2.2 红色爱心礼服动态风格的背面款式图 ......................... 74

课后练习 ................................................................. 77

## 第五章 服饰设计的局部细节 ........................ 78

5.1 使用CorelDRAW进行局部细节的设计 ............ 79
    5.1.1 头部的刻画 ........................................ 79
    5.1.2 手部的刻画 ........................................ 88
    5.1.3 手提包的表现 .................................... 90
    5.1.4 衣纹部分的刻画 ................................. 94
    5.1.5 背景的表现 ........................................ 95
    5.1.6 投影的表现 ........................................ 97

5.2 使用Photoshop进行局部细节的设计 ............. 99
    5.2.1 头部的刻画 ........................................ 99
    5.2.2 鞋的表现 .......................................... 109

课后练习 ................................................................ 115

## 第六章 完整的服装效果图 ............................ 116

6.1 使用Photoshop设计完整的服装效果图 ........................................ 117
6.2 使用CorelDRAW设计完整的服装效果图 ........................................ 127

课后练习 ................................................................ 140

## 第七章 不同风格服装画的设计 .................... 141

7.1 写实风格的服装画 ................................. 142
7.2 装饰风格的服装画 ................................. 147
7.3 插画风格的服装画 ................................. 153
7.4 写意风格的服装画 ................................. 155
7.5 卡通风格的服装画 ................................. 156

课后练习 ................................................................ 156

## 第八章 中国传统节日服饰设计 .................... 157

8.1 Procreate端午节礼服设计 ....................... 158
8.2 Photoshop重阳节礼服设计 ..................... 163

课后练习 ................................................................ 169

## 第九章 服装创意设计效果图排版设计 ........ 170

9.1 Prcreate国风服装创意设计效果图排版设计 ............................................ 171
9.2 Photoshop重阳节服装设计效果图排版设计 ............................................ 175

课后练习 ................................................................ 178

"十四五"普通高等教育规划教材

 高等院校艺术与设计类专业"互联网+"创新规划教材

# Photoshop/CorelDRAW 服装设计创意表现（第2版）

李艳艳　崔建成　著

## 内 容 简 介

本书全面系统地讲解了 Photoshop、CorelDRAW、Procreate 三大平面设计软件在服装款式及服装辅助产品设计中的使用技巧。在讲解每类案例时，本书首先呈现该类作品的实际效果，然后给出详尽的分解过程，既强调利用软件进行创作的方法，又注重实际创作的技巧，力求通过丰富的案例讲解，给读者提供一个有针对性、实用性和可操作性的学习过程。

本书修订后共 9 章，内容涉及服装产品面料的设计表现、服饰色彩的创意表现、服饰图案的设计、服装平面款式图的创意表现、服饰设计局部细节的创意表现、服装效果图的表现技法、各种风格的服装画的创意表现，以及根据市场需求新增的两个章节：中国传统节日服饰设计、服装创意设计效果图排版设计。本书从 9 个方面将服装产品的艺术设计与 Photoshop、CorelDRAW、Procreate 三大平面设计软件的运用完美结合，力求找到艺术与技术的切入点。

本书由在一线从事电脑美术教学的教师与专业的服装设计师共同编写，讲解详略得当，实用性较强。本书既可作为高等院校服装设计等相关专业的教材，也可作为社会培训机构的专业培训教程，还可供服装设计爱好者自学参考。

### 图书在版编目 (CIP) 数据

Photoshop/CorelDRAW 服装设计创意表现 / 李艳艳，崔建成著 . —2 版 . —北京：北京大学出版社，2025.3

高等院校艺术与设计类专业"互联网 +"创新规划教材

ISBN 978-7-301-35003-4

Ⅰ.①P… Ⅱ.①李…②崔… Ⅲ.①服装设计—计算机辅助设计—高等学校—教材 Ⅳ.①TS941.26

中国国家版本馆 CIP 数据核字（2024）第 082309 号

| | |
|---|---|
| 书　　　名 | Photoshop/CorelDRAW 服装设计创意表现（第 2 版）<br>Photoshop/CorelDRAW FUZHUANG SHEJI CHUANGYI BIAOXIAN（DI-ER BAN） |
| 著作责任者 | 李艳艳　崔建成　著 |
| 策 划 编 辑 | 李瑞芳 |
| 责 任 编 辑 | 李瑞芳 |
| 数 字 编 辑 | 金常伟 |
| 标 准 书 号 | ISBN 978-7-301-35003-4 |
| 出 版 发 行 | 北京大学出版社 |
| 地　　　址 | 北京市海淀区成府路 205 号　100871 |
| 网　　　址 | http://www.pup.cn　　新浪微博：@北京大学出版社 |
| 电 子 邮 箱 | 编辑部 pup6@pup.cn　总编室 zpup@pup.cn |
| 电　　　话 | 邮购部 010-62752015　发行部 010-62750672　编辑部 010-62750667 |
| 印 刷 者 | 北京宏伟双华印刷有限公司 |
| 经 销 者 | 新华书店 |
| | 889 毫米 ×1194 毫米　16 开本　11.5 印张　294 千字<br>2016 年 4 月第 1 版<br>2025 年 3 月第 2 版　2025 年 3 月第 1 次印刷 |
| 定　　　价 | 69.00 元 |

未经许可，不得以任何方式复制或抄袭本书之部分或全部内容。

**版权所有，侵权必究**

举报电话：010-62752024　　电子邮箱：fd@pup.cn

图书如有印装质量问题，请与出版部联系，电话：010-62756370

# 第2版前言

中国现代服装产业经过多年的发展，已经成为国民经济的支柱产业之一，其中服装产品设计对服装企业的发展越来越重要。面对激烈的市场竞争，服装产品设计任务更加艰巨，需要借助一系列软件来完成复杂的服装产品设计工作，从而使服装产品设计更加科学规范，以适应现代服装产业发展的要求。

目前国内已出版的利用计算机软件辅助服装设计的相关教材，大多从服装产品设计的某个方面讲述软件的使用，或从服装平面款式设计、面料设计，或从服装效果图的后期处理等方面进行讲述，缺乏必要的操作步骤，以及对服装产品设计更深层次的辅助作用的解析。针对这些状况，本书总结多年的服装产品设计实践经验，详细讲解了实际的服装产品设计过程中，如何运用软件使设计工作更加有序、高效。

为了方便读者对知识点的理解，本书各章节都附案例解析，且同一案例中会涉及不同软件的相互交叉使用，使读者能够充分认识不同软件的使用特点。

本书由青岛科技大学李艳艳、崔建成著，由于编写时间有限，难以达到尽善尽美，且服装行业日新月异，时尚潮流瞬息万变，书中所提供的专业信息和案例解析受到时间和时代的局限，难免会有偏颇和欠缺，恳请广大读者给予指正。

著者

2024 年 5 月

【资源索引】

# 第一章　服装产品的面料

　　服装产品的面料设计制作有助于学生更好地运用设计软件，同时也是学生了解服装产品面料的组织结构与风格的过程。这个过程恰好为服装设计建立了各种服装产品面料素材库，有助于设计师更好地收集、整理、归纳各种面料，并对实际的服装产品面料质感的表现提供帮助。

　　本章主要讲述梭织面料、针织面料、皮草面料的设计制作。

## 1.1　Photoshop 梭织面料的设计

梭织面料是指经纬两个系统的纱线在织机上按照一定的规律相互交织而成的面料。梭织面料的主要特点是布面有经向和纬向之分，在设计梭织面料时要充分显示这一特点。本节主要讲述利用 Photoshop 设计常见的几种梭织面料。

### 1.1.1　色织方格面料

色织方格面料是指采用事先染好的纱线织成的织物，而不是织成白坯布然后印染的面料。这种面料质感轻盈，常被用作衬衫面料，是现代生活不可或缺的高档纯棉面料。

操作步骤如下：

（1）新建文挡，其参数设置如图1-1所示。

（2）执行"滤镜"/"添加杂色"命令，在弹出的对话框中设置如图1-2所示的参数，单击"确定"按钮，效果如图1-3所示。

图1-1

图1-2

图1-3

（3）执行"滤镜"/"其他"/"位移"命令，在弹出的对话框中设置如图1-4所示的参数，单击"确定"按钮，效果如图1-5所示。

(4)如图1-6所示,复制"背景"图层为"背景 拷贝"图层,执行"编辑"/"变换"/"顺时针90°"命令,调整"背景 拷贝"图层的不透明度为60%,效果如图1-7所示。

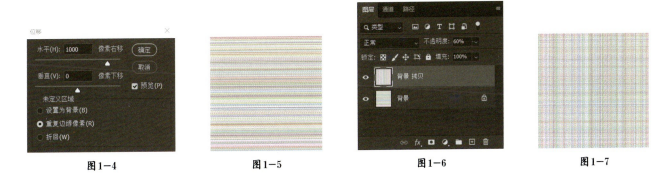

图1-4　　　　　　　图1-5　　　　　　　图1-6　　　　　　　图1-7

## 1.1.2　亚麻面料

亚麻是植物的皮层纤维,它的功能近似人的皮肤,有保护肌体、调节温度等天然性能。亚麻面料比其他面料更利于人体排汗,吸水速度比绸缎、人造丝织品,甚至比棉布快几倍,与皮肤接触即形成毛细现象,是皮肤的延伸。亚麻这种天然的透气性、吸湿性和清爽性,使其成为自由呼吸的纺织品,因此亚麻纤维被称为纤维中的皇后。

操作步骤如下:

(1)新建文档,其参数设置如图1-8所示。设置前景色为R233、G206、B26,背景色为R212、

图1-8

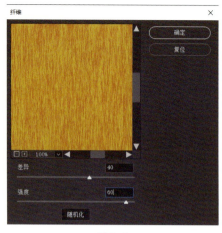

图 1-9

G130、B33。执行"滤镜"/"渲染"/"纤维"命令，在弹出的对话框中设置如图 1-9 所示的参数，单击"确定"按钮，效果如图 1-10 所示。

（2）如图 1-11 所示，复制背景图层为"背景 拷贝"图层，执行"编辑"/"变换"/"顺时针 90°"命令。调整"背景拷贝"图层的不透明度为 60%，效果如图 1-12 所示。

图 1-10

图 1-11

图 1-12

### 1.1.3　乔其纱面料

乔其纱属真丝绸类产品，采用平纹组织，经纬线均采用两根 22.2/24.4dtex 的生丝加捻强捻丝，并以二左二右的方式相间交织，经纬密度小，经练染后，经纬丝在织物中扭曲歪斜，绸面上有细微均匀的绉纹和明显的纱孔，质地轻薄、飘逸、透明，犹如蝉翼，极富弹性。

操作步骤如下：

（1）新建文档，其参数设置如图 1-8 所示。

（2）执行"滤镜"/"添加杂色"命令，在弹出的对话框中设置如图 1-13 所示的参数，单击"确定"按钮，效果如图 1-14 所示。

（3）执行"滤镜"/"像素化"/"晶格化"命令，在弹出的对话框中设置如图 1-15 所示的参数，单击"确定"按钮，效果如图 1-16 所示。

（4）执行"滤镜"/"其他"/"最小值"命令，在弹出的对话框中设置如图 1-17 所示的参数，单击"确定"按钮，效果如图 1-18 所示。

（5）执行"滤镜"/"杂色"/"中间值"命令，在弹出的对话框中设置如图 1-19 所示的参数，单击"确定"按钮，效果如图 1-20 所示。

图1-13

图1-14

图1-15

图1-16

图1-17

图1-18

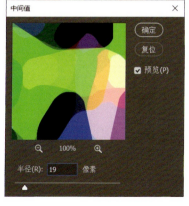
图1-19

图1-20

第一章 服装产品的面料

### 1.1.4 灯芯绒面料

灯芯绒面料是指表面有纵向绒条状的棉织物，绒条像一条条灯芯，因此得名。灯芯绒的绒条圆润丰满、绒毛耐磨、质地厚实、手感柔软、保暖性好，主要用作服装、鞋帽面料，也可做家具装饰、手工艺品、玩具等。

操作步骤如下：

（1）新建文档，其参数设置如图1-8所示。

（2）设置前景色为R211、G194、B7，新建"图层1"，激活矩形框选工具，绘制2mm的选区，填充前景色，效果如图1-21所示，复制该图层并命名为"图层1拷贝"。

（3）执行"图层"/"图层样式"/"斜面与浮雕"命令，在弹出的对话框中设置如图1-22所示的参数；单击"确定"按钮，效果如图1-23所示。

图1-21

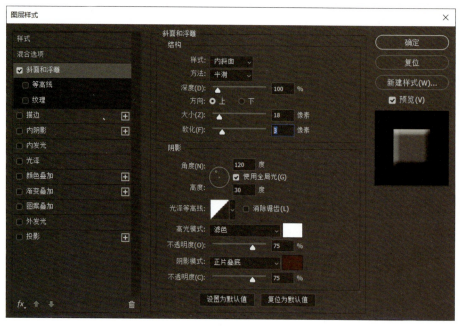

图1-22

图1-23

（4）激活移动工具，调整"图层1拷贝"的位置，然后将两个图层合并为"图层1"，如图1-24所示。

（5）执行"滤镜"/"风格化"/"风"命令，在弹出的对话框中分别设置风向为"从左""从右"各一次，参数如图1-25所示。

（6）激活矩形选框工具，框选"图层1"，执行"编辑"/"定义图案"命令，在弹出的对话框中输入如图1-26所示的名称。

（7）新建"图层2"，执行"编辑"/"填充"命令，在弹出的对话框中选择已经设定的图案（图1-27），单击"确定"按钮，效果如图1-28所示。

【图1-24至图1-28】

(8) 以"图层2"为当前层,执行"图层"/"图层样式"/"投影"命令,在弹出的对话框中设置如图1-29、图1-30所示的参数。将正片叠底的颜色设置为R65、G29、B3,单击"确定"按钮,效果如图1-31所示。

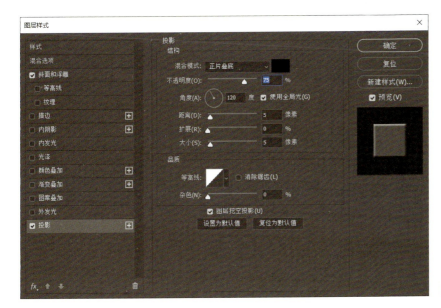

图1-29

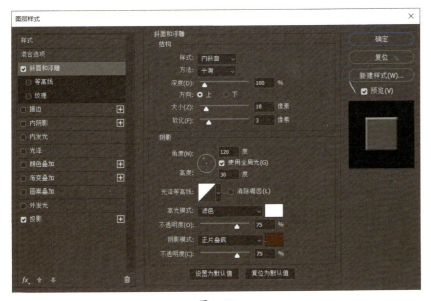

图1-30

图1-31

(9) 以"图层1"为当前层,填充颜色为R168、G131、B4,此时"图层"面板如图1-32所示。

(10) 以"图层2"为当前层,执行"滤镜"/"杂色"/"添加杂色"命令,在弹出的对话框中设置如图1-33所示的参数,单击"确定"按钮,最终完成灯芯绒面料的设计,效果如图1-34所示。

图1-32

图1-33

图1-34

### 1.1.5 蓝色暗纹羊毛面料

羊毛面料分为含一定比例羊毛的面料和纯羊毛面料。纯羊毛面料手感柔软而富有弹性，有光泽，颜色纯正，用手紧握、抓捏，松开后基本无褶皱，如有轻微折痕，也会在短时间内褪去。

操作步骤如下：

（1）新建文档，其参数设置如图1-8所示。

（2）设置前景色为R2、G39、B93，激活单列选框工具，填充效果如图1-35所示。

（3）执行"选择"/"变换选区"命令，将选区向右稍拖移并放大，形成蓝白相间的选区。双击鼠标左键，执行"编辑"/"定义图案"命令，在弹出的对话框中设置所定义的图案，如图1-36所示。

图1-35

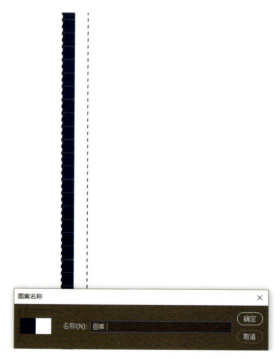
图1-36

(4)执行"编辑"/"填充"命令,在弹出的对话框中选择已经设置的图案,单击"确定"按钮,其填充效果如图1-37所示。

(5)执行"滤镜"/"杂色"/"添加杂色"命令,在弹出的对话框中设置如图1-38所示的参数,单击"确定"按钮,效果如图1-39所示。

图1-37

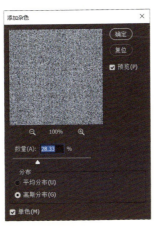
图1-38

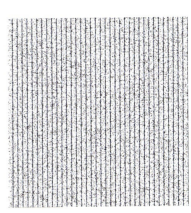
图1-39

(6)新建"图层1",设置前景色为R2、G39、B93,填充该颜色,效果如图1-40所示。

(7)在"图层1"面板中,设置如图1-41所示的参数,最终完成蓝色暗纹羊毛面料的设计,效果如图1-42所示。

图1-40

图1-41

图1-42

## 1.1.6　斜纹牛仔面料

牛仔面料的原料成分可分为纯纺与混纺两类。最初是以纯棉为主,后来为了改善纯棉牛仔面料的使用特性,加入一些其他化学纤维,特别是为了提高牛仔服的弹力而加入了氨纶成分,制造出风靡一时的弹力牛仔布。近年来,为了拓展牛仔面料的品类及特殊需求,还选用羊毛、羊绒、蚕丝、麻等纤维,开发出具有牛仔风格的特殊牛仔面料。

操作步骤如下：

（1）新建文档，其参数设置如图1-8所示。

（2）设置前景色为R4、G50、B120。激活矩形选框工具，先绘制矩形选框并填充，然后设置填充图案，其填充效果如图1-43所示。

（3）打开"图层"面板，新建"图层1"并填充前景色，如图1-44所示。

（4）以"图层1"为当前层，执行"滤镜"/"添加杂色"命令，在弹出的对话框中设置如图1-45所示的参数，单击"确定"按钮，效果如图1-46所示。

图1-43

图1-44

图1-45

图1-46

（5）执行"图像"/"图像旋转"/"任意角度"命令，在弹出的对话框中设置如图1-47所示的参数，单击"确定"按钮，效果如图1-48所示。

图1-47

图1-48

（6）激活裁剪工具，如图1-49所示的旋转裁剪角度，双击鼠标左键，效果如图1-50所示。

（7）执行"图像"/"色彩平衡"命令，在弹出的对话框中，可以调整不同颜色的牛仔面料，如图1-51所示，单击"确定"按钮。

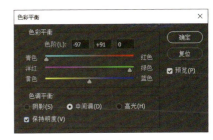

图1-49　　　　　　　　图1-50　　　　　　　　图1-51

### 1.1.7　天鹅绒面料

天鹅绒面料在明清两代较为兴盛，其包括花天鹅绒面料和素天鹅绒面料两种。花天鹅绒面料是指将部分绒圈按花纹割断成绒毛，使之与未断的线圈联同构成纹样；而素天鹅绒面料则其表面全为绒圈。一般天鹅绒面料以蚕丝作为原料或经线，以棉纱作为纬线，再以桑蚕丝（或人造丝）起绒圈。

操作步骤如下：

（1）新建文档，其参数如图1-52所示，设置背景色为R95、G10、B30。

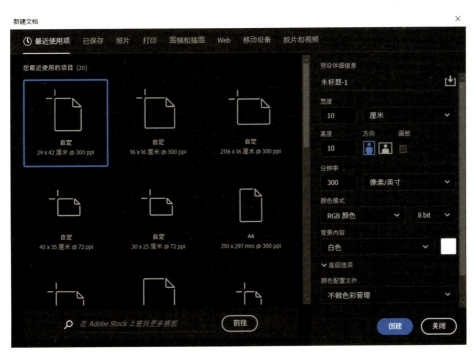

图1-52

（2）执行"滤镜"/"滤镜库"/"艺术效果"/"海绵"命令，在弹出的对话框中设置如图1-53所示的参数，单击"确定"按钮。

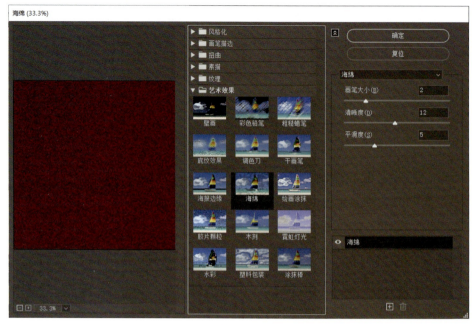

图1-53

(3)执行"滤镜"/"滤镜库"/"画笔描边"/"喷溅"命令,在弹出的对话框中设置如图1-54所示的参数,单击"确定"按钮。

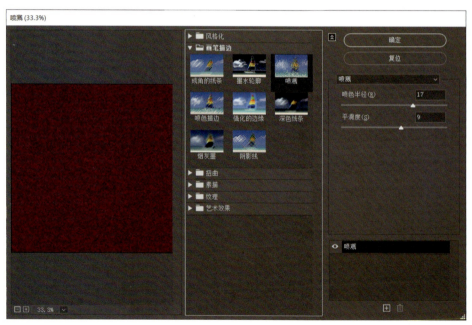

图1-54

(4)执行"滤镜"/"杂色"/"中间值"命令,在弹出的对话框中设置如图1-55所示的参数,单击"确定"按钮。

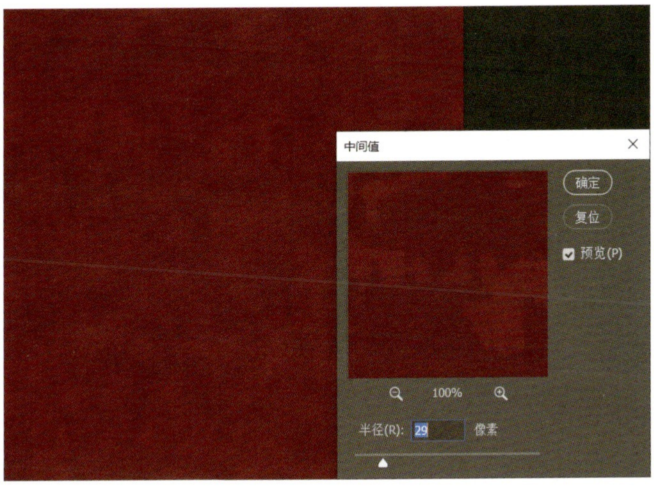

图1-55

（5）执行"滤镜"/"模糊"/"动感模糊"命令，在弹出的对话框中设置如图1-56所示的参数，单击"确定"按钮，效果如图1-57所示。

（6）执行"滤镜"/"模糊"/"高斯模糊"命令，在弹出的对话框中设置如图1-58所示的参数，单击"确定"按钮，效果如图1-59所示。

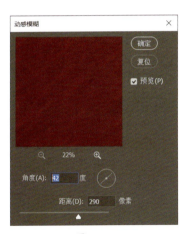

图1-56

图1-57

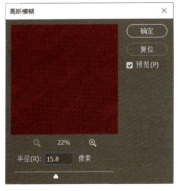

图1-58

图1-59

## 1.2 Photoshop 针织面料的设计

本节主要讲述利用 Photoshop 设计针织面料，包括罗纹针织面料和绞花针织面料的设计方法。

### 1.2.1 罗纹针织面料

罗纹针织面料是由一根纱线依次在正面和反面形成线圈纵行的针织物。罗纹针织面料具有平纹针织面料的脱散性、卷边性和延伸性，同时还具有较大的弹性。该面料常用于T恤的领边、袖口；由于有较好的收身效果、弹性很大，主要用于休闲风格的服装。

操作步骤如下：

（1）新建文档，设置背景为"透明"，效果如图1-60所示。

（2）将透明图层命名为"单元结构"，打开标尺，设置如图1-61所示的参考线。

图1-60

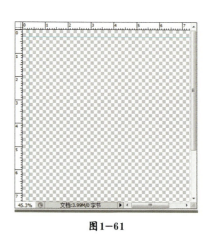
图1-61

（3）激活钢笔路径工具，绘制如图1-62所示直线路径；使用添加和删除锚点工具调整路径，效果如图1-63所示；单击鼠标右键，将路径转换为选区并填充颜色，颜色设置为R0、G136、B41，效果如图1-64所示。

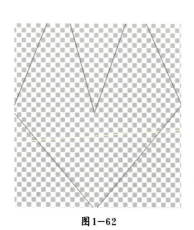
图1-62

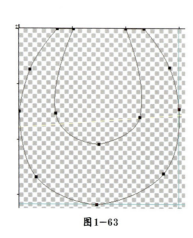
图1-63

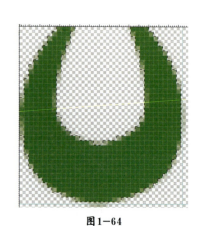
图1-64

(4) 复制"单元结构"图层为"单元结构 拷贝"，调整位置后将两者合并为"单元结构 拷贝"图层，效果如图1-65所示。

(5) 复制"单元结构 拷贝"图层。命名为"单元结构拷贝2"，调整位置后将两者合并为"单元结构拷贝2"图层，效果如图1-66所示。

(6) 同样方法，依次将图层叠加，最终形成图1-67所示的效果。

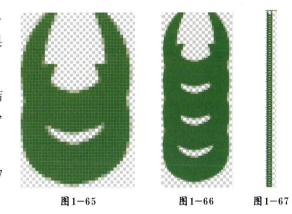

图1-65　　　　图1-66　　图1-67

(7) 激活矩形选框工具，贴紧边缘将其选择。执行"编辑"/"定义为图案"命令，在弹出的对话框中设置如图1-68所示的参数，单击"确定"按钮即可。

(8) 执行"编辑"/"填充"命令，在弹出的对话框中设置如图1-69所示的参数；找到刚才设置的图案，单击"确定"按钮，效果如图1-70所示。

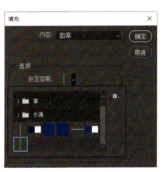

图1-68　　　　　　　　图1-69　　　　　　　图1-70

(9) 执行"图层"/"图层样式"/"投影"/"斜面和浮雕"命令。其中"阴影"参数设置为缺省值，"斜面和浮雕"参数设置如图1-71所示；单击"确定"按钮，罗纹针织面料的效果如图1-72所示。

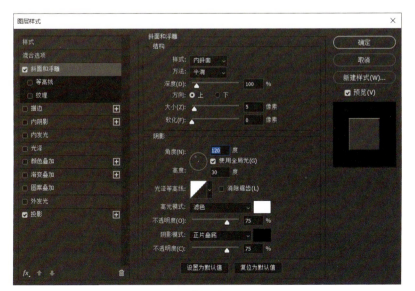

图1-71　　　　　　　　　　　　　图1-72

## 1.2.2 绞花针织面料

绞花针织面料可以分为单面绞花面料和双面绞花面料。单面绞花面料是具有单面线圈结构的绞花针织面料；双面绞花面料是具有双面线圈结构的绞花针织面料，由双针床横机编织。绞花针织面料的花型效果取决于线圈交换的针数和次数。

操作步骤如下：

（1）新建文档，其参数设置如图1-73所示。

图1-73

（2）将透明图层定义为"绞花组织"。激活钢笔路径工具，绘制如图1-74所示的路径。

（3）继续绘制两段路径，通过"复制""水平镜像""垂直镜像"等命令修补路径，效果如图1-75所示；单击鼠标右键，执行"描边路径"命令，设置画笔宽度为4像素，颜色为黑色，效果如图1-76所示。

（4）复制两个绞花组织层为"绞花组织 拷贝""绞花组织 拷贝2"，调整其大小与位置，效果如图1-77所示。

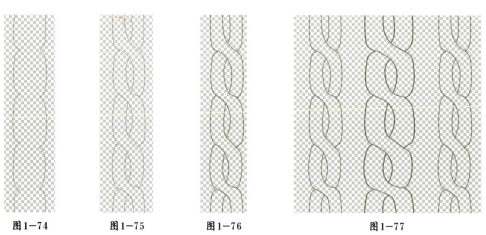

图1-74　　　图1-75　　　图1-76　　　图1-77

(5)打开标尺,设置如图1-78所示的参考线。激活钢笔路径工具,绘制如图1-79所示的路径。单击鼠标右键,执行"填充路径"命令,颜色设置为R255、G111、B5;再执行"路径描边"命令,设置"描边"颜色为黑色,宽度为1像素,效果如图1-80所示(此图为放大后效果)。

图1-78

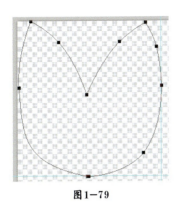
图1-79

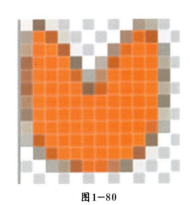
图1-80

(6)激活矩形选框工具将图形框选,执行"编辑"/"定义图案"命令,在弹出的对话框中(图1-81),单击"确定"按钮;新建图层并命名为"纬平针组织",执行"编辑"/"填充"命令,在弹出的对话框中选择"填充图案",效果如图1-82所示。

图1-81

(7)执行"图层"/"图层样式"命令,在弹出的对话框中设置如图1-83所示的参数,单击"确定"按钮,效果如图1-84所示。

(8)依次将"绞花组织""绞花组织 拷贝""绞花组织 拷贝2"设置如图1-85所示的投影参数,调整上下关系,则绞花针织面料效果如图1-86所示。

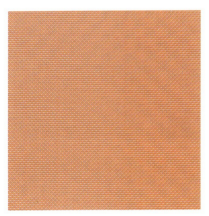
图1-82

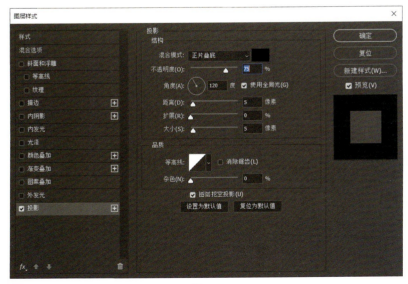
图1-83

图1-84

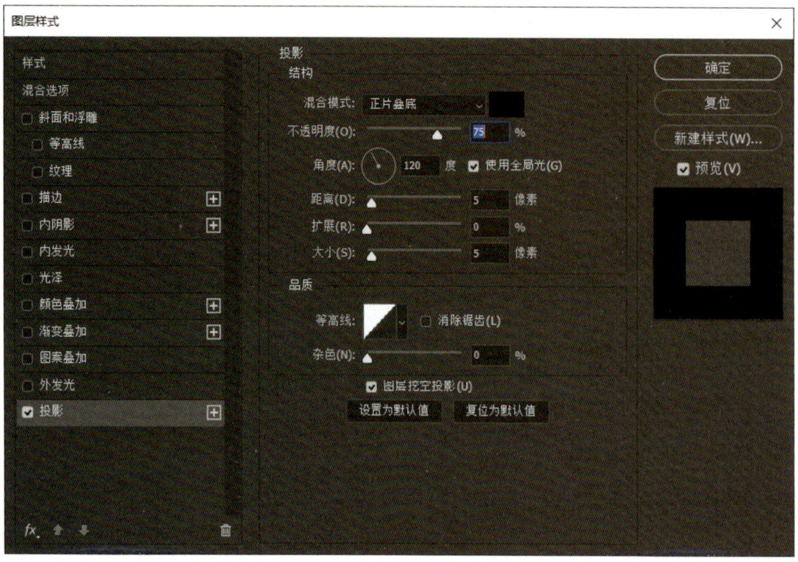

图1-85 　　　　　　　　　　　　　　　　　图1-86

## 1.3　Photoshop 皮草面料的设计

本节将主要讲述利用 Photoshop 设计皮草面料的方法，主要展示狐狸皮草面料和水洗印花皮革两种面料。

### 1.3.1　狐狸皮草面料

狐狸皮草面料具有轻、软、有光泽等特点，与同样大小的其他动物身上的皮草面料相比，其质量会轻很多。狐狸表皮上长有两种毛，内层较短的内绒和外层较长而且相对较硬的毛针，内绒越饱满越好，穿起来也越暖和，毛针越长越好，视觉效果更理想。

操作步骤如下：

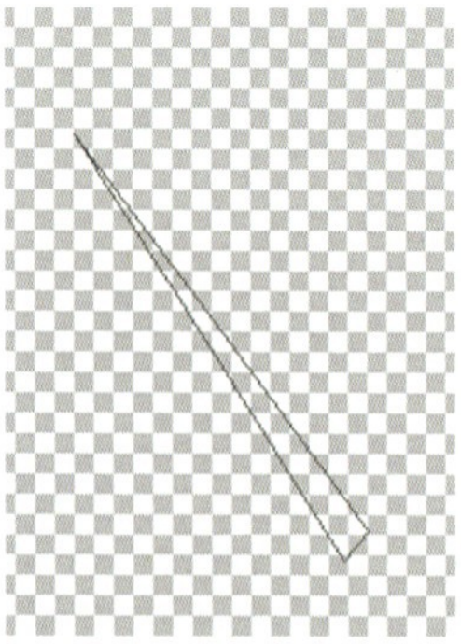

(1) 新建文档，其参数设置如图1-73所示。

(2) 新建图层命名为"蓝色皮草"。激活钢笔路径工具，绘制如图1-87所示的钢笔路径，单击鼠标右键，将其转换为选区；激活渐变填充工具，在弹出的对话框中设置如图1-88所示的渐变参数，单击"确定"按钮，效果如图1-89所示。

(3) 复制"蓝色皮草"图层并命名为"蓝色皮草 拷贝"。以"蓝色皮草 拷贝"图层作为当前层，执行"编辑"/"自由变换"命令，调整其角度和大小，合并两个图层为"蓝色皮草 拷贝"图层，效果如图1-90所示。

图1-87

(4) 复制"蓝色皮草 拷贝"图层并命名为"蓝色皮草 拷贝2"，改变其大小和角度，合并后的效果如图1-91所示；依此类推，每次复制后都要调整大小，使其针毛长短不一，效果如图1-92所示。

（5）激活矩形选框工具，框选所绘制的图形，执行"编辑"/"定义画笔预设"命令，弹出如图1-93所示的对话框，单击"确定"按钮。

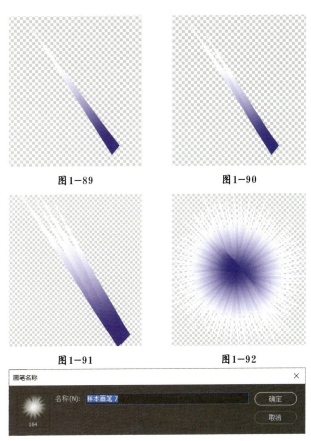

图1-89　　　　　图1-90

图1-91　　　　　图1-92

图1-88　　　　　图1-93

（6）根据设计需要新建如图1-94所示的文档，设置相应的前景色，激活毛笔工具；设置不同的笔触大小及画笔不透明度、流量，绘制如图1-95所示的皮草形状纹理即可。

图1-94

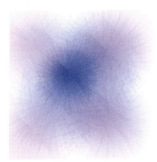

图1-95

### 1.3.2 水洗印花皮革面料

水洗印花皮革面料沿袭了欧美伐木工人和美国西部牛仔的怀旧风，其绝妙之处有别于其他工艺的皮革。水洗印花皮革面料除了具有真皮舒适、御寒、柔软的性能，还兼具华丽、时尚的风格。

操作步骤如下：

（1）新建文档，其参数设置如图 1-8 所示，设置前景色、背景色分别为黑色、白色。

（2）执行"滤镜"/"渲染"/"云彩"命令，效果如图 1-96 所示。

（3）执行"滤镜"/"滤镜库"/"素描"/"炭精笔"命令，其参数设置如图 1-97 所示，单击"确定"按钮，水洗印花皮革面料的效果如图 1-98 所示。

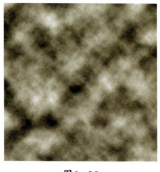

图 1-96

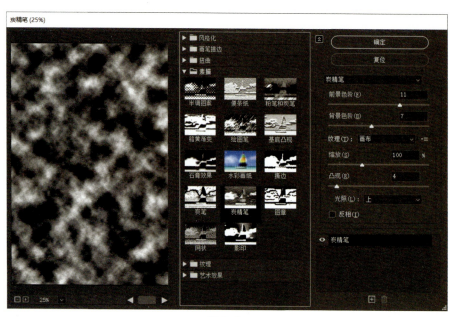

图 1-97

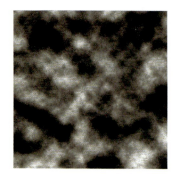

图 1-98

## 1.4 CorelDRAW 梭织面料的设计

本节主要讲述利用 CorelDRAW 设计梭织面料的方法，包括经典 Burberry 格面料和丝绸面料。

### 1.4.1 经典 Buberry 格面料

Burberry 的招牌格子图案是 Burberry 家族身份和地位的象征。这种由浅驼色、黑色、红色、白色组成的三粗一细的交叉图纹，不张扬、不妩媚，自然地散发出成熟理性的韵味，体现了 Burberry 的历史和品质，甚至象征了英国的民族文化。

操作步骤如下：

（1）新建一个 A4 幅面的文档，按住鼠标左键从标尺中拖出如图 1-99 所示的辅助线。

（2）激活贝塞尔工具，绘制如图 1-100 所示的两条 1mm 粗的黑色斜线。激活混合工具（即调和工具），从第一条斜线按住鼠标左键平行拖至第二条斜线，设置如图 1-101 所示的参数；激活贝塞尔工具修补两端图形，效果如图 1-102 所示。

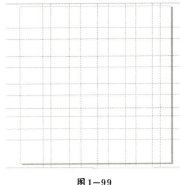

图 1-99

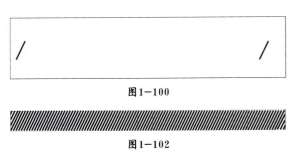

图 1-100

图 1-102

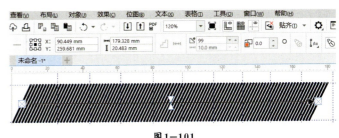

图 1-101

（3）将该图形复制多个，调整位置与角度，效果如图 1-103 所示。

（4）使用同样方法绘制两条深红色斜线并做交互调和。复制多个图形后，调整位置与角度，效果如图 1-104 所示。

（5）激活矩形工具，分别在十字交叉位置绘制矩形并填充黑色（C0、M0、K100）、深红色（C25、M93、Y64、K0），效果如图 1-105 所示；为增加面料的质感，选中该图形，执行"位图"/"转换为位图"命令，效果如图 1-106 所示。

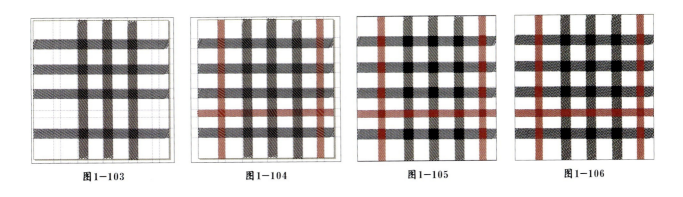

图 1-103　　　　图 1-104　　　　图 1-105　　　　图 1-106

（6）绘制等大的正方形。填充黄色（C14、M30、Y93、K0），效果如图 1-107 所示；先执行"位图"/"转换为位图"命令，再执行"效果"/"杂点"/"添加杂点"命令，在弹出的对话框中设置如图 1-108 所示的参数，单击"OK"按钮，效果如图 1-109 所示；调整黄色图层的位置，效果如图 1-110 所示。

图1-107　　　　　　　图1-108　　　　　　　图1-109　　　　　　　图1-110

### 1.4.2　丝绸面料

丝绸面料轻薄、柔软，给人舒适、透气感，其色彩绚丽、富有光泽，显得高贵典雅。但它易生褶皱，容易吸身、不够结实、褪色较快，加工的时候很容易引起跳针。

操作步骤如下：

（1）新建一个A4幅面文档。激活矩形工具，按住Ctrl键，根据设计需要绘制正方形并填充颜色（C20、M80、Y0、K20），效果如图1-111所示；选中该图形，执行"位图"/"转换为位图"命令，在弹出的对话框中设置如图1-112所示的参数，单击"OK"按钮。

（2）执行"效果"/"艺术笔触"/"波纹纸画"命令，在弹出的对话框中设置如图1-113所示的参数，单击"OK"按钮，效果如图1-114所示。

图1-111　　　　　　　图1-112　　　　　　　图1-113　　　　　　　图1-114

（3）选中该图形，执行"效果"/"艺术笔触"/"印象派"命令，在弹出的对话框中设置如图1-115所示的参数，单击"OK"按钮，效果如图1-116所示。

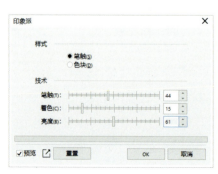

图1-115　　　　　　　　　　　　　　　图1-116

（4）选中该图形，执行"效果"/"三维效果"/"浮雕"命令，在弹出的对话框中设置如图1-117所示的参数，单击"OK"按钮，效果如图1-118所示。

（5）选中该图形，执行"效果"/"模糊"/"高斯式模糊"命令，在弹出的对话框中设置如图1-119所示的参数，单击"OK"按钮，效果如图1-120所示。

图1-117

图1-118

图1-119

图1-120

## 1.5　CorelDRAW 针织面料的设计

本节主要讲述利用 CorelDRAW 设计针织面料的方法，针织面料包括钩织镂空针织面料和提花针织面料。

### 1.5.1　钩织镂空针织面料

镂空本是一种雕刻技术，但在现代社会，"镂空"一词有了更加广泛的含义。镂空是现代服装设计常用的一种的表现方式，是通透等的代名词。许多国际名牌都有自己经典的镂空款式服装，深受时尚人士喜爱。

操作步骤如下：

（1）新建一个A4幅面文档，激活矩形工具，按住 Ctrl 键，绘制正方形并填充黑色。执行"位图"/"转换为位图"命令，在弹出的对话框中设置如图1-121所示的参数，单击"OK"按钮，效果如图1-122所示。

（2）执行"效果"/"创造性"/"彩色玻璃"命令，在弹出的对话框中设置如图1-123所示的参数，单击"OK"按钮，效果如图1-124所示。

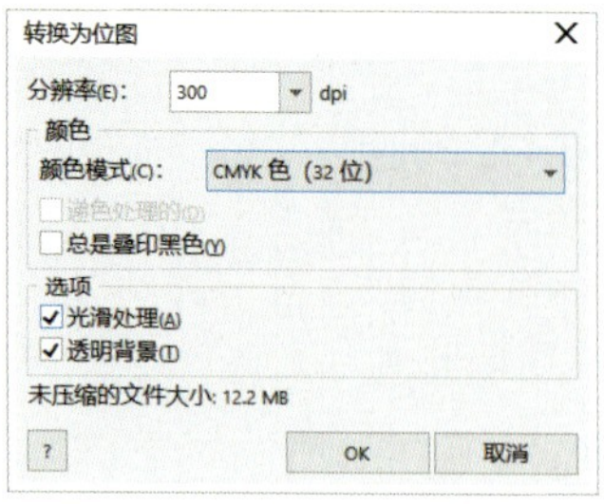

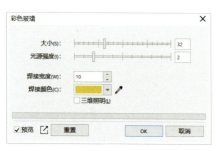

图1-121

图1-122

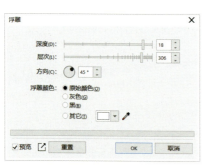

图1-123

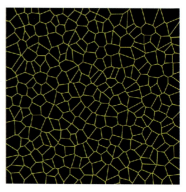

图1-124

(3) 执行"效果"/"三维效果"/"浮雕"命令，在弹出的对话框中设置如图1-125所示的参数，单击"OK"按钮，效果如图1-126所示。

图1-125

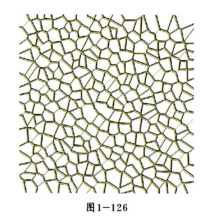

图1-126

### 1.5.2 提花针织面料

提花针织面料是一种有织纹图案的棉织物或化纤混纺织物。提花针织面料一般多用作配饰，如围巾、床单、台布、窗帘等室内装饰；提花府绸、提花麻纱、提花线呢则多用于女式服装。

操作步骤如下：

(1) 新建一个A4幅面文档，激活贝塞尔工具，绘制如图1-127所示的基础图形，线型设置为"极细"，颜色为橘黄色（C0、M60、Y100、K0）。

（2）复制两个基础图形，分别置于画面两端，激活混合工具（调和工具），设置两个基础图形之间的调和参数（图1-128），调和效果如图1-129所示。

（3）将复制交互后的图形分别置于画面两端，如图1-130所示；激活混合工具，使用同样方法完成调和变化，效果如图1-131所示。

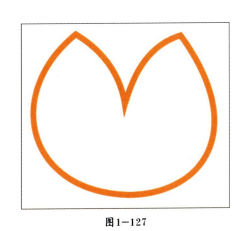

图1-127

图1-128

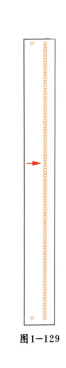

图1-129

图1-130

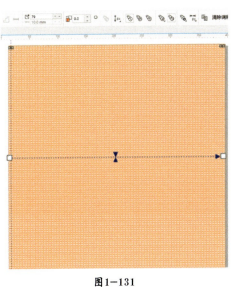

图1-131

（4）激活图样填充工具，在弹出的对话框中设置如图1-132所示的参数；单击"OK"按钮填充完毕后，单击鼠标右键，选择"顺序到页面后面"命令，提花针织面料效果如图1-133所示（此图样依据软件版本不同有所差异，也可以自己绘制，此处不赘述）。

图1-132　　　　　　　　　　　　　　　　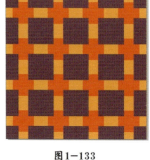

图1-133

## 1.6　CoreIDRAW 皮草面料的设计

本节主要讲述利用 CorelDRAW 设计皮草面料的方法。皮草面料包括虎纹皮草面料和湖羊皮草面料。

### 1.6.1　虎纹皮草面料

在十二生肖中，虎是具有时尚神韵的动物。虎纹时尚、霸气、骄傲、神秘、性感，它讲究流畅的线条，以土黄色为底，搭配黑色纹饰。

操作步骤如下：

（1）新建一个 A4 幅面文档，激活贝塞尔工具，绘制如图 1-134 所示的图形并填充黑色。

（2）选中该图形，先执行"位图"/"转换为位图"命令，再执行"效果"/"模糊"/"高斯式模糊"命令，在弹出的对话框中设置如图 1-135 所示的参数，单击"OK"按钮，效果如图 1-136 所示；继续执行"动态模糊"命令，在弹出的对话框中设置如图 1-137 所示的参数，效果如图 1-138 所示。

图1-134　　　　　　　　　　图1-135　　　　　　　　　　图1-136

图1-137　　　　　　　　　　　图1-138

（3）激活矩形工具，按住 Ctrl 键，绘制正方形并填充深黄色（C0、M20、Y100、K0），效果如图 1-139 所示；将其转换为位图后，执行"效果"/"杂点"/"添加杂点"命令，在弹出的对话框中设置如图 1-140 所示的参数，单击"OK"按钮，效果如图 1-141 所示。

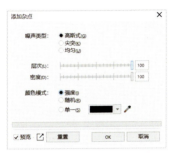

图1-139　　　　　　　　　　图1-140　　　　　　　　　　图1-141

（4）激活贝塞尔工具，在画面两端绘制两条咖啡色线条（C0、M22、Y67、K22），效果如图 1-142 所示；激活混合工具，做两条线之间的调和处理，效果如图 1-143 所示。

图1-142　　　　　　　　　　　图1-143

(5)将调和后的图形转换为位图,执行"效果"/"扭曲"/"涡流"命令,在弹出的对话框中设置如图 1-144 所示的参数,单击"OK"按钮,效果如图 1-145 所示;将三个图层的顺序调整好,虎纹皮草面料的效果如图 1-146 所示。

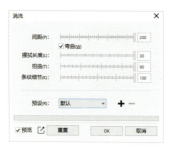  

　图 1-144　　　　　　　　　　图 1-145　　　　　　　　　　图 1-146

### 1.6.2　湖羊皮草面料

湖羊皮草面料的毛纤维束弯曲呈水波纹花案,弹性好,洁白美观,是制作皮衣的优质原料。在制作服装时,需进行染色,常见的颜色有咖啡色、黑色等。

操作步骤如下:

(1)新建一个 A4 幅面文档,激活矩形工具,按住 Ctrl 键绘制正方形,填充白色,取消轮廓线,将其转换为位图。

(2)执行"效果"/"杂点"/"添加杂点"命令,在弹出的对话框中设置如图 1-147 所示的参数,单击"OK"按钮,效果如图 1-148 所示。

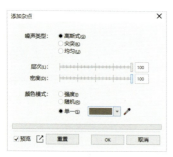 

　　　　　图 1-147　　　　　　　　　　　　　　图 1-148

(3)执行"效果"/"扭曲"/"涡流"命令,在弹出的对话框中设置如图 1-149 所示的参数,单击"OK"按钮,效果如图 1-150 所示。

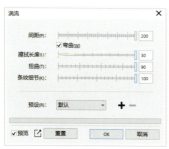 

　　　　　图 1-149　　　　　　　　　　　　　　图 1-150

（4）执行"效果"/"轮廓图"/"边缘检测"命令，在弹出的对话框中设置如图1-151所示的参数，单击"OK"按钮，效果如图1-152所示。

图1-151

图1-152

## 课后练习

1. 分别利用Photoshop/CorelDRAW设计软件，绘制3块不同的面料，其中包括梭织、针织和皮草面料，要求面料新颖、符合潮流，设计步骤详细。

2. 知识扩展：请认真学习下列二维码中的丝、棉、毛、麻、皮革、皮草、合成纤维、人造纤维课程，总结各自的特点，重点了解我国传统纺织工艺。

3. 设计延伸。党的二十大报告提出："加强基础研究，突出原创，鼓励自由探索。"丝绸面料在中国古代服饰发展史上占有重要的地位。利用所学知识绘制非物质文化遗产宋锦、香云纱面料。

# 第二章　服饰的色彩

　　"远看服装，近看花"这句俗语说明人们首先感知到服饰色彩的存在，其次才会仔细观察服饰的材质和款式细节。色彩作为服饰设计的三大要素之一，在实际的服饰设计过程中，设计师对于色彩的运用与表现决定了服装整体的视觉效果。

　　本章主要从单一色彩、两种以上色彩的配色来讲述色彩的运用与表现。

## 2.1 Photoshop 服饰色彩效果表现

无论是服装品牌公司，还是服装设计公司，在进行每季的服装产品开发时，一般都会采取开发多个产品系列，且为了产品系列的延伸，往往会为每个产品系列选择几种不同色彩，这样一方面可以丰富服装产品系列，另一方面可以丰富卖场服装展示效果。

### 2.1.1 同一系列服装不同颜色效果图的设计

展示同一系列服装不同颜色穿着效果，可以使设计更具直观性，如图 2-1 所示。在服装产品设计实践中，设计师应多选择简洁、快速的绘图形式——服装平面款式来表现。

图 2-1

操作步骤如下：

（1）新建文档，其参数设置如图 2-2 所示；打开素材并将参数复制到新建文档中，调整其大小和位置（位于画面的左侧），效果如图 2-3 所示。

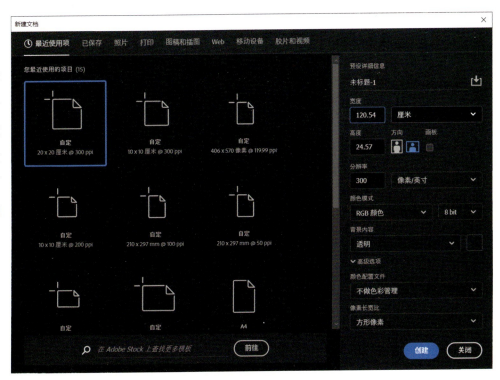

图 2-2

（2）执行"图像"/"调整"/"黑白"命令，在弹出的对话框中设置如图2-4所示的参数，单击"确定"按钮，效果如图2-5所示。

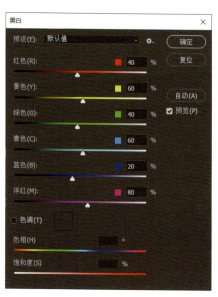

图2-3　　　　　　　　　　　图2-4　　　　　　　　　　　图2-5

（3）复制该图层，并命名为"图层2"，执行"图像"/"调整"/"色彩平衡"命令，在弹出的对话框中设置如图2-6所示的参数，单击"确定"按钮，效果如图2-7所示。

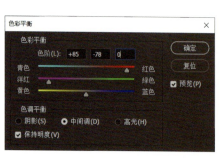

图2-6　　　　　　　　　　　图2-7

（4）复制该图层5次，依次从图2-6中选择深黄色、蓝色、绿色、青色、洋红色，调整数值，效果分别如图2-8至图2-12所示。

（5）依次调整各图层的位置，最终效果如图2-1所示。

图2-8　　　　　图2-9　　　　　图2-10　　　　　图2-11　　　　　图2-12

## 2.1.2　同一款式不同颜色的系列服装平面款式效果图的设计

在设计服装时，尤其是成衣设计经常需要绘制同一款式、不同颜色的系列服装展示效果图（图2-13）。

操作步骤如下：

（1）新建文档，其参数设置如图2-14所示。

（2）打开素材平面款式图（图2-15），双击"图层"面板中的背景层，将其转化为"图层0"。

（3）激活魔术棒工具，选择服装轮廓外围的白色部分，按Delete键删除白色，效果如图2-16所示。

图2-13

（4）执行"编辑"/"自由变换"命令，调整其大小与位置，效果如图2-17所示。

（5）激活裁剪工具，在其属性栏中设置如图2-18所示的裁剪尺寸，双击鼠标进行裁剪。执行"编辑"/"画笔名称"命令，如图2-19所示。

（6）在新建的文档中新建"图层1"，激活画笔工具，其参数设置如图2-20所示；设置前景色为R254、G8、B14，在画面的左侧单击鼠标左键，效果如图2-21所示。

（7）使用同样方法新建不同的图层，依次设置前景色为：红色（R254、G8、B14）；橙色（R254、G89、B8）；黄色（R251、G242、B5）；绿色（R28、G251、B5）；蓝色（R4、G50、B120）；青色（R9、G14、B197）；紫色（R164、G9、B197）；粉色（R251、G204、B223）。此时的图层设置如图2-22所示，调整各图层的位置，效果如图2-13所示。

【图2-14至图2-20】

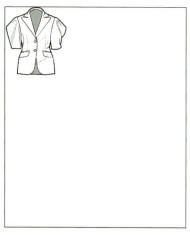

图2-21

图2-22

## 2.2 CorelDRAW 服饰色彩效果表现

### 2.2.1 同一色相的配色

图2-23

图2-24

在同一色相中，色彩因明暗、深浅而产生的新色彩，归属同一色系，例如：在蓝色系中，暗蓝→深蓝→鲜蓝→浅蓝→淡蓝，同一色相的配色沉稳、安宁，秩序感强，可以降低配色的失败率。如图2-23所示为同一色相的配色创意表现。

操作步骤如下：

（1）新建一个A4幅面的文档，执行"文件"/"导入"命令，导入素材图片，如图2-24所示。

（2）激活椭圆工具，在其属性栏中单击"饼形"按钮，设置"起始和结束角度"为90°，绘制4个饼形，效果如图2-25所示。

(3)激活滴管工具，依次选中图 2-24 中所涉及的几种颜色，此时在界面的右下角会出现每种颜色的数值，如图 2-26 所示；单击右下角的色块，弹出如图 2-27 所示的 CMYK 与 RGB 模式的准确数值，并可通过改变数值来更正色差。

(4)颜色数值依次采集为 C40、M20、Y0、K40；C78、M46、Y4、K0；C37、M17、Y3、K0；C22、M8、Y5、K0。填充后的效果如图 2-28 所示。

(5)选中所有的饼形，激活轮廓笔工具，在弹出的对话框中设置如图 2-29 所示的参数，单击"确定"按钮；单击属性栏上的"水平镜像"按钮，完成图像水平翻转，效果如图 2-30 所示。

(6)执行"文件"/"导出"命令，根据需要设置如图 2-31 所示的参数，单击"确定"按钮，如图 2-23 所示，完成同一色相的配色创意表现。

图 2-25　　　　　图 2-26　　　　　图 2-27　　　　　图 2-28

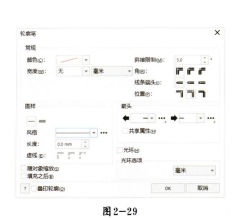 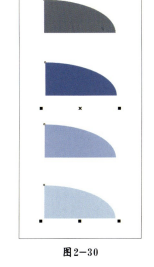 

图 2-29　　　　　　　　　图 2-30　　　　　　　　　图 2-31

## 2.2.2 类似色的配色

在色相环中,相邻的颜色都是彼此的类似色,彼此之间都有一部分共有的色彩元素。类似色的配色主要是凭借共有的色彩元素来产生调和作用。类似色的搭配,通常色彩饱和度高、色阶明快,配色效果较为生动。

## 2.2.3 撞色配色

撞色是指色相环中的对比色,如黄色与紫色、红色与绿色、蓝色与橙色。由于撞色之间对比强烈,易产生色彩冲突,需要借助一些色彩来达到缓冲,如适当搭配黑、白、灰来缓冲撞色之间的矛盾。撞色搭配的视觉冲击力强、个性张扬,成为许多设计师表达个性的设计手法,为服装设计创意表现注入了更多活力。

## 2.2.4 节奏配色

在实际的服装配色实践中,有时会借用音乐和舞蹈中的术语——"节奏"完成服饰配色,通过视觉上重复出现的强弱现象产生形色各异的节奏。在服饰配色中一般存在以下几种节奏形式。

1. 层次的节奏

利用光谱色相的顺序排列,或同一色相按照不同明度、纯度阶梯状地连续起伏时所产生的节奏配色。如图2-32所示为按照光谱色顺序排列的节奏配色。

操作步骤如下:

(1)手绘服装的平面款式图,如图2-33所示。

图2-32

图2-33

【图2-34至图2-45】

(2)使用折线工具绘制封闭折线图形,填充如图2-34所示的红色,效果如图2-35所示。

(3)使用同样的方法,依次分别绘制不同封闭折线图形,填充不同的颜色,参数设置及效果如图2-36~图2-45所示。

（4）将所有封闭折线图形紧密排列，为保证排列的边缘曲线吻合，在调整过程中通过激活形状工具改变节点的位置，使线条自然流畅，效果如图2-46所示。

（5）调整后的图形要与打开的平面款式图边缘相吻合，效果如图2-47所示。

图2-46

图2-47

（6）继续绘制如图2-48所示的图形并填充颜色（C0、M100、Y100、K0），激活轮廓笔工具，设置如图2-49所示的参数，单击"确定"按钮，效果如图2-50所示。

图2-48

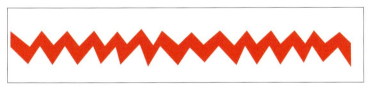

图2-50

图2-49

（7）复制该图形5次，颜色设置依次为：橘色（C0、M60、Y100、K0）；黄色（C0、M0、Y100、K0）；绿色（C100、M0、Y100、K0）；青色（C100、M0、Y0、K0）；蓝紫色（C40、M100、Y0、K0），将轮廓设置为"无"，整体效果如图2-51所示。

（8）将背景图和服装平面款式图相结合，效果如图2-52所示。

（9）绘制立体头型。激活矩形工具，在其属性栏中设置"圆角半径"为30，绘制如图2-53所示的矩形并填充黑色。

图2-51

图2-52

（10）激活立体化调和工具，按住鼠标左键拖移（图2-54），在其属性栏中设置如图2-55、图2-56所示的参数，效果如图2-57所示。立体头型和服装平面款式图、背景图组合效果如图2-58所示。

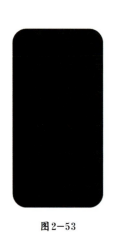
图2-53

图2-54

图2-55

图2-56

（11）绘制无轮廓矩形，填充颜色为C0、M0、Y0、K30（图2-59），调整图层的前后位置，最终光谱色节奏配色效果如图2-32所示。

图2-57

图2-58

图2-59

2. 装饰色的节奏

在服装领口、袖口、前襟、下摆、口袋等处设计同色装饰，以重复点缀形式来加强视觉印象。

3. 色彩呼应的节奏

配色之间互相呼应，寻求"你中有我，我中有你"的视觉效果，例如，选取服装上的某种颜色作为配件，如头巾、围巾、手包、项链等。这种色彩搭配方法可以促成色彩之间的调和，使服装整体色调完整、和谐，并产生节奏感。

## 2.2.5 平衡配色

在服装配色原理中，平衡配色是指色彩在人们视觉心理上产生的安定性。在视觉上，色彩除了具备色相、明度、纯度等属性外，还会在人心理上给产生轻重、冷暖、前后的感觉，例如，高明度色彩感觉轻，低明度色彩感觉重；红黄色系感觉暖，青紫色系为感觉冷；高纯度、高明度色彩具有前进感；低纯度、低明度色彩具有后退感等。因此，服装配色会出现平衡或不平衡的感觉。服装设计师需在配色时注意色彩之间的微妙关系，避免出现色彩不平衡的问题。

## 2.2.6 统调配色

服装配色经常会遇到多色搭配的情况，当多种色彩混杂在一起时，往往会缺乏一定的秩序感、统一感。如果在配色时选择统调配色的方法，可以避免色彩混乱的问题。如图2-60所示，通过提炼复杂色彩中的部分色彩，作为配饰或部分服装的色彩，强化色彩协调，从而产生整体的感觉。

操作步骤如下：

（1）打开一幅只有几何图案的上衣图片（图2-61），其他部分为线描稿的素材。

（2）激活颜色滴管工具，选取上衣中的蓝紫色（C76、M98、Y44、K10）；使用选择工具，选择短裤轮廓部分，填充蓝紫色，效果如图2-62所示。

图2-60

图2-61

图2-62

(3)使用同样的方法，先选取上衣中的黄绿色（C9、M0、Y80、K0）再选择打底裤的轮廓部分，填充黄绿色，效果如图2-63所示。

(4)使用同样的方法，先选取上衣中的蓝紫色（C76、M98、Y44、K10）再选择帽子的轮廓部分，填充蓝紫色，效果如图2-64所示。

(5)使用同样的方法，先选取上衣中的白色（C0、M0、Y0、K0）再选择鞋子的轮廓部分，填充白色，效果如图2-65所示。

图2-63

图2-64

图2-65

(6)选择整个图形，按Ctrl+C键复制，再按Ctrl+V键粘贴，将所选图形填充黑色（C0、M0、Y0、K100），作为黑色的影子，效果如图2-66所示。

(7)选择黑色的影子图形，按Ctrl+C键复制，再按Ctrl+V键粘贴，将所选图形填充40%黑色（C0、M0、Y0、K40），则灰色影子效果如图2-67所示；将原图和黑色、灰色影子进行组合，依次调整前后关系，效果如图2-68所示。

图2-66

图2-67

图2-68

（8）设置辅助线，激活矩形工具，先在其属性栏中设置矩形上面两个圆角的参数为60，再复制7个圆形矩形，填充颜色依次设置为：C0、M0、Y0、K0；C0、M0、Y20、K0；C0、M20、Y20、K0；C2、M43、Y79、K0；C0、M60、Y100、K0；C35、M70、Y100、K2；C100、M96、Y0、K0；C76、M98、Y44、K10。将这8个图形的颜色进行依次填充，效果如图2-69所示。

（9）激活轮廓笔工具，在弹出的对话框中设置轮廓为"无"，将所有圆角矩形的黑色框去掉，效果如图2-70所示。

（10）激活阴影工具，在其属性栏中设置如图2-71所示的参数，依次选中圆角矩形，将它们往中间位置拖动，效果如图2-72所示。

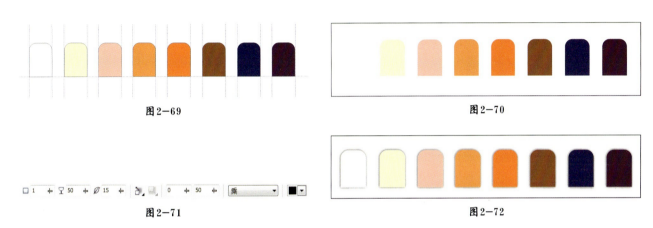

图2-69    图2-70

图2-71    图2-72

（11）下面主要绘制上衣所涉及的几何图案。激活矩形工具，绘制如图2-73所示的圆角矩形，将4个圆角的参数设置为30。激活多边形工具，绘制多个三角形，其排列效果如图2-74所示（对于其中一些不规则的三角形，可以利用形状工具调整节点）。

图2-73

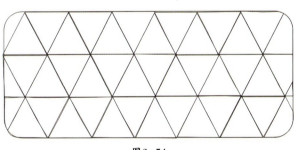

图2-74

（12）激活颜色滴管工具，选取圆角矩形中的白色（C0、M0、Y0、K0）、黄绿色（C9、M0、Y80、K0），依次交叉填充这两种颜色，效果如图2-75所示。

图2-75

（13）绘制如图2-76所示的图形，填充40%黑色，将图案和灰色背景进行组合，效果如图2-77所示。

（14）依次复制上述图形，改变色彩设置：（C0、M0、Y20、K0，C2、M43、Y79、K0）；（C0、M20、Y20、K0，C2、M43、Y79、K0）；（C0、M0、Y0、K0，C0、M60、Y100、K0）；（C9、M0、Y80、K0，C0、M60、Y100、K0）；（C0、M20、Y20、K0，C76、M98、Y44、K10）；（C9、M0、Y80、K0，C76、M98、Y44、K10）。其效果分别如图2-78至图2-83所示。

图2-76　　　　　　　　　　　　　　图2-77

图2-78　　　　　　　　　　　　　　图2-79

图2-80　　　　　　　　　　　　　　图2-81

图2-82　　　　　　　　　　　　　　图2-83

将所有的圆角矩形、几何图形、完整效果图、灰色、黑色背景进行组合，最终完成统调配色，效果如图 2-60 所示。

### 2.2.7 强调点缀配色

单一色彩的服装给人一种单调、乏味的感觉，为了弥补整体服装色彩的单调感和朴素感，设计师在进行服装配色时，会在服装的某一细节部位利用某种特殊的颜色，增强服装的视觉冲击效果，这种配色方法称为强调点缀配色。图 2-84 所示为强调点缀配色的运用。运用强调点缀配色时，要注意下列搭配原则。

（1）强调色的面积不宜太大，以免喧宾夺主。
（2）强调色必须比服装上其他颜色更鲜艳。
（3）强调色可选择整体服装色调的对比色。

### 2.2.8 分离配色

在服装配色过程中，常会出现色彩不调和、关系暧昧等配色失败的案例。如何解决配色失败问题呢？可以利用分离色彩来弥补配色的缺陷。无彩色或者一些特殊颜色常被作为分离色彩，如金、银、黑、白、灰色等。分离色彩多以线、面的形式存在，如采用直线、曲线、粗线、窄线来分离对立或暧昧的色彩。色彩分离后会产生不同的视觉效果，如图 2-85 所示为采用白色分离形式来缓冲服装配色的案例。

图 2-84

图 2-85

# 课后习题

1. 选取 4 张主题明确的图片,提炼其中的色彩,进行服饰配色设计方案练习。

2. 知识扩展。党的二十大报告提出:"传承中华优秀传统文化,满足人民日益增长的精神文化需求,巩固全党全国各族人民团结奋斗的共同思想基础,不断提升国家文化软实力和中华文化影响力。"中国传统色彩自成体系并富有寓意,它是解读中国文化的一座桥梁,涉及五行色、四时色、二十四节气色、皇族专属色和官员服饰色彩等相关知识。认真学习下列二维码中的中国传统色彩,并举例说明运用中国传统色彩的技巧。

3. 设计延伸:了解"金木水火土"五行色(金代表白色、金色;木代表青色、绿色;水代表黑色、蓝色;土代表黄色),选择木的代表色青色和绿色进行配色练习。

【二十四节气色1】 【二十四节气色2】 【二十四节气色3】 【二十四节气色4】 【二十四节气色5】 【二十四节气色6】

【刺绣纹样里的色彩美学1】 【刺绣纹样里的色彩美学2】 【故宫里的色彩美学1】 【故宫里的色彩美学2】

# 第三章　服饰的图案

　　图案是一种装饰艺术，是对某种物象形态进行精练概括，使其成为兼具艺术与装饰特点的元素。当图案运用在服饰产品上，就形成了服饰图案。随着服饰产品的多样化发展，图案运用已成为服饰设计中不可忽视的内容。

　　图案在服饰设计中的应用极其广泛，既可用于服饰的局部，也可用于服饰的整体，一方面可丰富服装的装饰性，另一方面可弥补由于款式造型简洁、颜色搭配单调等方面的不足。

　　本章主要讲述 Photoshop/CorelDRAW 服饰图案创意表现及运用，主要包括方形图案、四方连续图案、圆形图案及二方连续图案。此外，图案形式涉及面比较广，包括人物、卡通、花卉及几何图案的创意表现与应用。

## 3.1　Photoshop 图案的设计

### 3.1.1　方形图案

几何图案是一种最为常见的艺术表现形式，在古老的木刻、蜡染、壁画上都能看到几何图案的影子。几何图案并非简单的组合，而是带有一种特殊的韵律，它能给人以平和、温馨、唯美的视觉感受，而方形图案则是最为常见的一种几何图案。下面主要讲述如何利用 Photoshop 制作方形图案并将其运用在服装设计中（图3-1）。

图3-1

操作步骤如下：

（1）新建文档，其参数设置如图3-2所示。

（2）执行"视图"/"标尺"命令，将鼠标指向标尺，按住左键拖出辅助线，效果如图3-3所示。

（3）执行"窗口"/"形状"命令，在弹出的对话框中（图3-4）单击右上角的三道横杠，在弹出的下拉菜单中选择"旧版形状及其他"选项，激活"自定义形状"工具，在其属性栏中点击"路径"按钮并选择"所有旧版默认形状""花饰字"，如图3-5所示。按住 Shift 键，拖动鼠标左键绘制如图3-6所示的图案（该图案也可根据不同版本的实际情况自行绘制）。

（4）执行"编辑"/"自由变换"命令。在其属性栏中设置变换角度为顺时针旋转135°，激活路径挑选工具，选择该路径并调整至合适位置，效果如图3-7所示。

（5）激活路径选择工具，右键单击路径，选择"建立选区"命令。新建"图层1"，激活渐变工具，

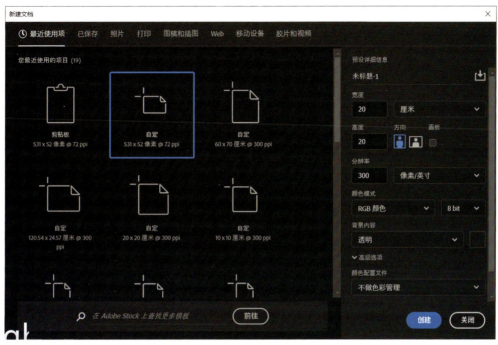

图3-2

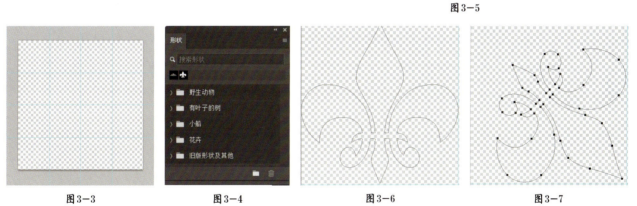

| 图3-3 | 图3-4 | 图3-6 | 图3-7 |

图3-5

单击属性栏上的"渐变编辑器",在弹出的对话框中设置渐变色(图3-8),单击"确定"按钮,效果如图3-9所示。

（6）使用同样的方法,在图3-10所示的属性栏中选择相应的图案选项;设置如图3-11所示的渐变色,新建"图层2",填充渐变色;执行"编辑"/"自由变换"命令,调整图形比例,将图形移动到合适的位置,效果如图3-12所示;复制"图层2"为"图层2 拷贝",效果如图3-13所示。

（7）如图3-14所示,继续选择太阳花饰,绘制如图3-15所示的图案;设置如图3-16所示的渐变色;新建"图层3",使用同样方法,填充渐变色并调整大小,效果如图3-17所示。

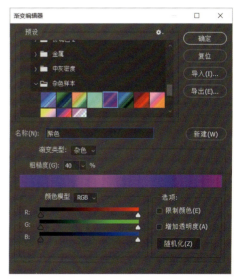

图3-8

【图3-9至图3-17】

（8）将百合花饰、装饰、太阳花进行组合，合并这4个图层并命名为"百合花饰"，效果如图3-18所示。

（9）在"图层"面板中复制百合花饰并命名为"百合花饰 副本"图层；执行"编辑"/"变换"/"水平翻转"命令，调整至合适位置，效果如图3-19所示；此时"图层"面板设置如图3-20所示。

图3-18　　　　　　　　图3-19　　　　　　　　图3-20

（10）使用同样的方法合并以上两个图层，复制后调整位置，效果如图3-21所示。

（11）激活矩形选框工具，将图案框选；执行"编辑"/"图案名称"命令，在弹出的对话框中设置如图3-22所示的参数，单击"确定"按钮；执行"编辑"/"填充"命令，在弹出的对话框中（图3-23），选择刚刚定义的图案，单击"确定"按钮。如图3-1所示的方形图案即可运用在服装的效果展示上。

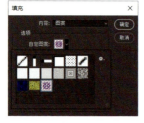

图3-21　　　　　　　　图3-22　　　　　　　　图3-23

### 3.1.2　四方连续图案

四方连续图案是由一个或几个纹样组成的单位，向四周重复地连续和延伸扩展而形成的图案形式。四方连续图案被广泛运用于服装设计中（图3-24），下面主要讲述利用Photoshop制作四方连续图案，并将其运用在服装设计中。

操作步骤如下：

（1）新建文档，其参数设置如图3-25所示。

图 3-24

图 3-25

（2）执行"视图"/"显示"/"参考线"或"视图"/"新建参考线"命令，如图 3-26 所示，分别在正方形的 1cm、9cm 处建立参考线。

（3）打开素材库，选取"心形图案"素材，如图 3-27 所示。

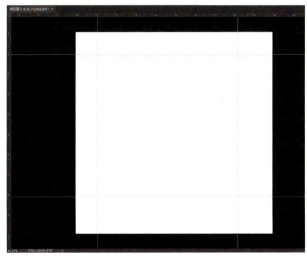

图 3-26

图 3-27

（4）将"心形图案"复制到新建文档中；按 Ctrl+T 组合键，再按住 Shift 键，调整"心形图案"的大小与位置，效果如图 3-28 所示。

（5）四方连续图案讲究的是向四周延续，对四条边线上的接口的局部图案进行精确计算，才能使制作出的图案紧密地相互衔接。激活矩形选框工具，如图 3-29 所示，框选小的蓝色心形的部分图案。

（6）按住 Shift 键，同时按移动键盘水平按钮将图案向右侧水平移动，从而保证单元图案相互衔接，效果如图 3-30 所示。

图 3-28

图 3-29

图 3-30

（7）使用同样的方法分别框选小的黄色、绿色心形的部分图案并做上下移动，效果如图 3-31、图 3-32 所示。

（8）使用同样的方法，选择橘色丝带心形的部分，做向上移动，保证单元图案相互衔接，效果如图 3-33 所示。

图 3-31

图 3-32

图 3-33

（9）右上角的红色心形经过 3 次移动后，效果如图 3-34 所示。

（10）最后调整紫色丝带心形的部分，效果如图 3-35 所示，完成单元心形图案的设计。

（11）执行"图像"/"调整"/"画布大小"命令，在弹出的对话框中，根据设计需要设置如图 3-36 所示的参数，单击"确定"按钮。

（12）按照横向 3 组、纵向 5 组的规则依次复制心形图案，调整至合适位置，确保心形图案的衔接，最终完成心形四方连续图案的制作，将心形四方连续图案运用在服装设计中，展示效果如图 3-24 所示。

图3-34

图3-35

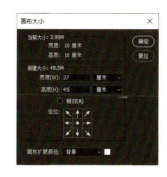
图3-36

## 3.2　CorelDRAW 图案的设计

### 3.2.1　圆形图案

圆形图案是服装设计中经常运用的形式，它既可以在整体中运用，也可在局部中运用。本节主要讲述利用 CorelDRAW 制作圆形图案的方法及其在服装局部的应用效果，如图 3-37 所示。

操作步骤如下：

（1）创建新文档，其参数设置如图 3-38 所示。

（2）激活贝塞尔工具，先用直线绘制图形的外形，如图 3-39 所示；激活形状工具，单击鼠标右键，在弹出的对话框中选择"转换为曲线"选项，利用节点的删除和添加工具将直线调整为圆滑曲线，效果如图 3-40 所示。

图3-37

图3-38

（3）选中该图形，按 Ctrl+C 键复制，再按 Ctrl+V 键粘贴。单击属性栏中的"水平翻转"按钮，调整图形位置，效果如图 3-41 所示。

（4）激活选择工具，将左右两个图形全选，单击属性栏中的"焊接（合并）"按钮，效果如图 3-42 所示，最终形成单一的、可填充的封闭曲线轮廓对象。

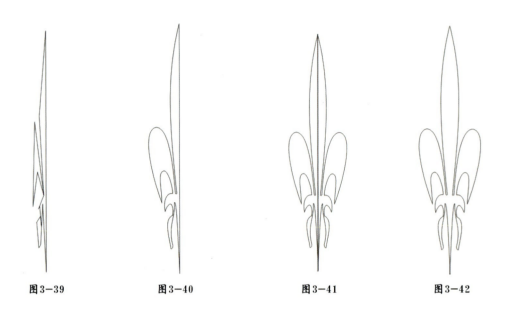

图 3-39　　　　图 3-40　　　　图 3-41　　　　图 3-42

（5）选中该图形，激活工具箱中的渐变填充工具，在弹出的"渐变填充"对话框中，设置如图 3-43 所示的参数，单击"确定"按钮，效果如图 3-44 所示。

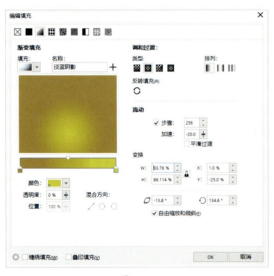 

图 3-43　　　　　　　　　　　图 3-44

（6）激活贝塞尔工具，重新绘制图形中心部分的形状，设置如图 3-45 所示的参数，单击"确定"按钮，效果如图 3-46 所示；调整图形位置，效果如图 3-47 所示。

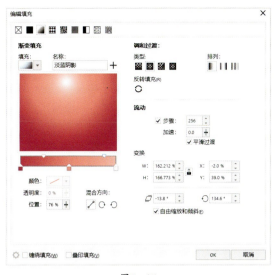

图3-45　　　　　　　　　　图3-46　　　　图3-47

（7）激活六边形工具，按住 Ctrl 键绘制一个正六边形，如图 3-48 所示；激活变形工具，在其属性栏中（图 3-49），设置"推拉振幅"参数为"-20"，将结果复制并命名为"A 图"。

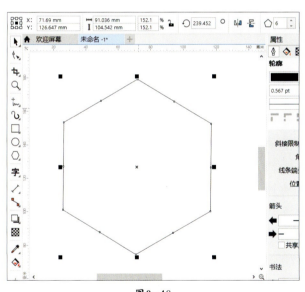
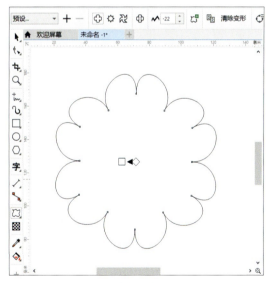

图3-48　　　　　　　　　　　　　　　图3-49

（8）激活轮廓图工具，设置属性栏参数，或通过调整加速器中的"对象"滑块来设置"轮廓图步长"参数，效果如图 3-50 所示，并命名为"B 图"。

（9）选择"A 图"，激活轮廓笔工具，设置轮廓颜色为 C0、M100、Y0、K0；同时选择"A 图"和"B 图"，执行"排列"/"对齐与分布"命令，在弹出的对话框中（图 3-51），选择"对齐"按钮；执行"排列"/"锁定对象"命令，将"A 图"锁定。

（10）选择"B 图"，执行"排列"/"转化为曲线"命令；全选"B 图"，执行"排列"/"拆分轮廓图群组"命令，将其分离。

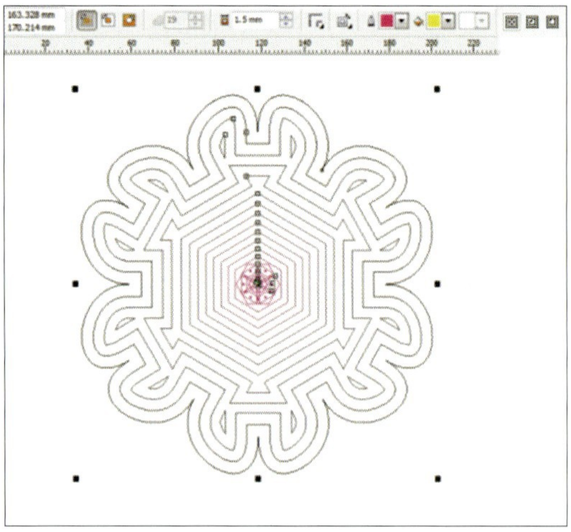

图 3-50

图 3-51

(11) 激活选择工具，先点击外围轮廓线，填充颜色为 C0、M100、Y0、K0，效果如图 3-52 所示。

(12) 继续单击内部任意曲线，填充颜色为 C20、M80、Y0、K20，效果如图 3-53 所示。

(13) 激活选择工具，单击内部任意曲线，执行"对象"/"取消群组"命令，框选外围两层之外的其他轮廓，填充颜色为 C0、M20、Y20、K0，效果如图 3-54 所示。

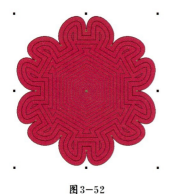
图 3-52

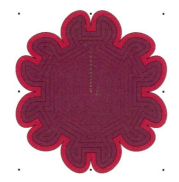
图 3-53

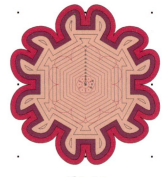
图 3-54

(14) 将完成的所有图案重新组合，效果如图 3-55 所示；框选该图案，将其群组。

(15) 复制群组后的图案，将其垂直翻转，调整位置后的效果如图 3-56 所示。

(16) 执行"窗口"/"泊坞窗"/"变换"/"旋转"命令，在弹出的对话框中设置如图 3-57 所示的参数，单击"应用"按钮，效果如图 3-58 所示。

(17) 将圆形图案应用在男装设计中，效果如图 3-37 所示。

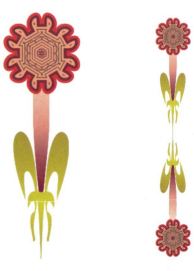

图 3-55　　　　图 3-56

图 3-57　　　　　　　　　　图 3-58

### 3.2.2　二方连续图案

二方连续图案是以一个或几个单位纹样，在两条平行线之间的带状形平面上，做有规律的排列并以向上下、左右两个方向无限连续构成的带状形纹样。二方连续图案具有重复出现的旋律和节奏感。图 3-59 所示为与羊有关的二方连续图案。

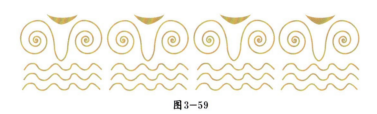

图 3-59

操作步骤如下：

（1）创建一个新文档，其参数设置如图 3-60 所示。

（2）激活螺纹工具，如图 3-61 所示，设置属性栏中的相应参数并绘制螺旋。

（3）激活轮廓笔工具，在弹出的对话框中，设置如图 3-62 所示的参数，单击"OK"按钮，螺旋形状效果如图 3-63 所示。

 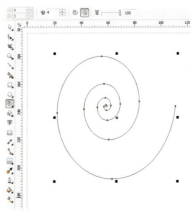

图 3-60　　　　　　　　　　图 3-61

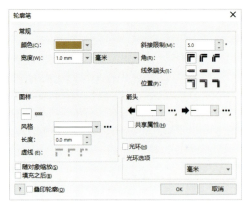
图3-62

图3-63

（4）单击属性栏中的"垂直翻转"按钮，效果如图3-64所示；选择该图形，激活形状工具，调整图形尾部的曲线形式，效果如图3-65所示。

（5）复制该图形，单击属性栏上的"水平翻转"按钮，调整图形的位置，效果如图3-66所示。

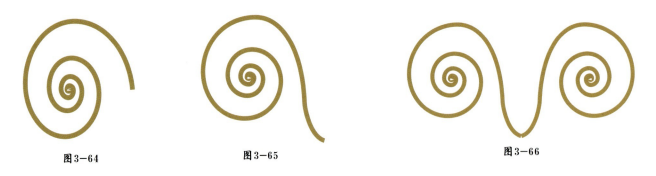

图3-64　　　　　　　　　图3-65　　　　　　　　　图3-66

（6）激活贝塞尔工具，绘制如图3-67所示的轮廓纹样，并填充与轮廓相同的颜色。

（7）使用折线工具绘制如图3-68所示的折线；激活形状工具，调整折线为圆滑曲线，设置相同的轮廓笔参数，效果如图3-69所示。

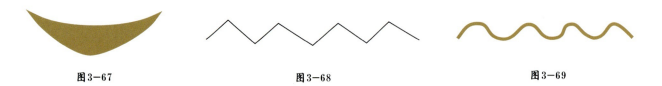

图3-67　　　　　　　　　图3-68　　　　　　　　　图3-69

（8）复制该图形3次，移动曲线位置，其排列效果如图3-70所示。将所绘制的所有图形重新组合，效果如图3-71所示。将该图形框选并群组（Ctrl+G），复制4次，调整位置，效果如图3-59所示。

在进行服装设计时，二方连续图案既可以应用于服装整体设计，也可以应用于局部装饰边设计。本案例的完成效果如图3-72所示。

此外，服饰图案会涉及经典格子、几何、动物、花卉等图案的创意表现与应用。图3-73所示为经典格子图案的创意表现与应用；图3-74所示为几何图案的创意表现与应用；图3-75所示为动物图案的创意表现与应用；图3-76所示为花卉图案的创意表现与应用。

【图3-70至图3-76】

## 课后练习

1. 利用 Photoshop 软件绘制 2 张四方连续图案。工厂的印花排版都采用这种四方连续图案形式，实操性强，建议加强练习。

2. 知识扩展。党的二十大报告提出："坚守中华文化立场，提炼展示中华文明的精神标识和文化精髓，加快构建中国话语和中国叙事体系，讲好中国故事、传播好中国声音，展现可信、可爱、可敬的中国形象。"中国传统纹样题材丰富、构图生动、设色绚丽、手法多样、寓意深厚，在世界工艺美术中占有一席之地，它选用人物、植物、动物、器物、文字等形象，以神话故事、吉祥语、民间谚语为表现题材，采用借喻、比拟、双关、象征等表现手法，创造出富有寓意的纹样，凝结着人们对美好生活的愿望。请认真学习下列二维码中的中国传统纹样课程，并举 3～5 个例子说明其在现代服装中的运用。

3. 设计延伸：以梅、兰、竹、菊四君子纹样为基础，结合其他纹样形式，进行纹样再设计。

【中国传统纹样1】　【中国传统纹样2】　【中国传统纹样3】　【中国传统纹样4】　【中国传统纹样5】

# 第四章　服装平面款式图

　　对于服装设计的从业者和设计专业的学生来说，电脑绘制服装平面款式图是必要的基本功。服装平面款式图以其方便、快捷、灵活的特点，深受服装设计者的喜爱，它可以快速地描绘服装的款式设计图，省时而灵活，既可以随时调整服装的细节变化，也可以随时更换服装的色彩与面料。

　　目前，常用的服装平面款式图风格大致上分为两种，一种是单纯的、简笔风格服装平面款式图，此类风格款式图形式比较规整，讲究对称，多以服装悬挂的形式出现，也是设计者比较常用的，但是缺少灵动感，较为拘谨；另一种是动态风格服装平面款式图，此类风格款式图已经兼具效果图功能，优势在于设计感强，比较灵动、新颖，服装款式已经加入人体的动态，服装体感、动感、质感明显，但是其绘制所需的时间比简笔风格的服装平面款式图要长。

## 4.1 使用 CorelDRAW 绘制不同风格的服装平面款式图

相对于 Photoshop 而言，CorelDRAW 或 AI 软件绘制的图形是矢量图形，具备无限放大而不变形的优点，所以服装设计者多选择用矢量软件绘制服装平面款式图，这些软件绘制的服装平面款式图可随时更换款式，调换款式色彩和面料，省时、省力，视觉效果直观，且带有手绘特征，如图 4-1、图 4-2 所示。下文将对这些软件绘制的服装平面款式图进行解析。

图 4-1

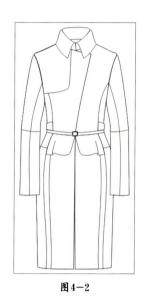

图 4-2

### 4.1.1 简笔风格服装平面款式图

简笔风格服装平面款式图的设计与操作步骤如下：

（1）新建文档，其参数设置如图 4-3 所示。

（2）激活贝塞尔工具，首先用直线绘制右衣片的原形，然后设置属性栏中线的轮廓宽度为 0.5mm，填充白色，效果如图 4-4 所示。

（3）激活形状工具，利用该工具可添加和删除节点，将节点曲线化后，调整节点，使线条自然流畅，效果如图 4-5 所示。

（4）添加右衣片的细节。如图 4-6 所示，使用同样的方法绘制腰部的分割线，将轮廓线的宽度设置为 0.2mm。此时，右衣片腰线在衣身的整体效果如图 4-7 所示。

（5）绘制公主线。如图 4-8 所示，使用同样的方法切出公主分割线，将轮廓线的宽度设置为 0.2mm。此时，公主线在衣身的整体效果如图 4-9 所示。

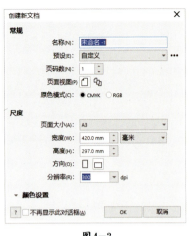
图 4-3

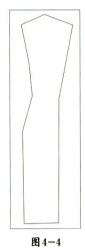
图 4-4

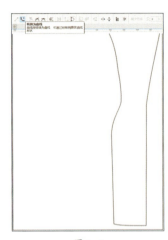
图 4-5

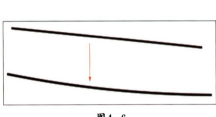
图 4-6

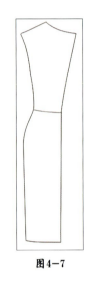
图 4-7

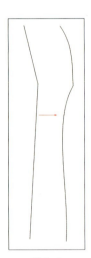
图 4-8

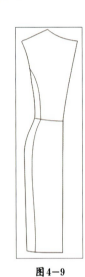
图 4-9

(6) 绘制右衣片口袋。激活贝塞尔工具，首先绘制口袋直线外形，将轮廓线的宽度设置为 0.2mm，填充白色，效果如图 4-10 所示；然后通过使用形状工具添加和删除节点，使线条自然流畅，效果如图 4-11 所示。此时，右衣片口袋在衣身的整体效果如图 4-12 所示。

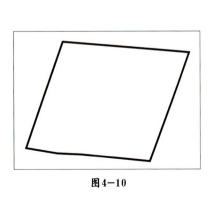
图 4-10

图 4-11

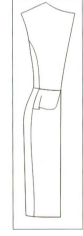
图 4-12

（7）绘制腰部装饰。激活贝塞尔工具，首先绘制腰部直线外形，将轮廓线的宽度设置为0.2mm，填充白色，效果如图4-13所示；然后通过使用形状工具添加和删除节点，使线条自然流畅，效果如图4-14所示。此时，腰部装饰在衣身的整体效果如图4-15所示。

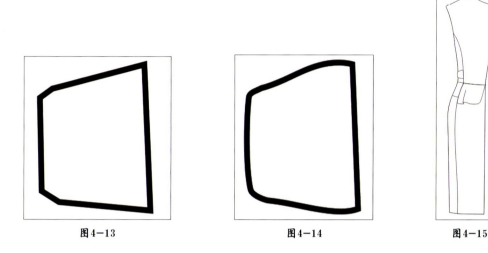

图4-13　　　　　图4-14　　　　　图4-15

（8）绘制大衣的前暖片装饰。激活贝塞尔工具，首先绘制大衣的前暖片直线外形，将轮廓线的宽度设置为0.2mm，填充白色，效果如图4-16所示；然后通过使用形状工具添加和删除节点，使线条自然流畅，效果如图4-17所示。此时，大衣的前暖片在衣身的整体效果如图4-18所示。

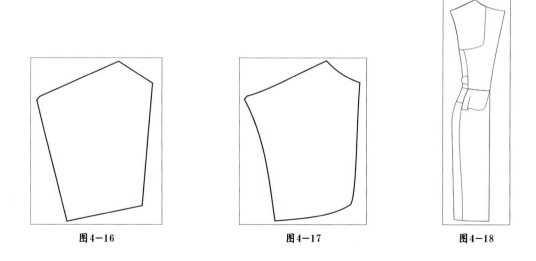

图4-16　　　　　图4-17　　　　　图4-18

（9）绘制大衣右边袖子。激活贝塞尔工具，首先绘制大衣右边袖子直线外形，将轮廓线的宽度设置为0.2mm，填充白色，效果如图4-19所示；然后通过使用形状工具添加和删除节点，使线条自然流畅，效果如图4-20所示。此时，大衣右边袖子在衣身的整体效果如图4-21所示。

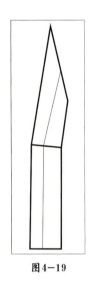 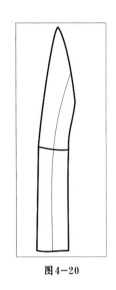 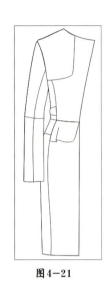

图4-19　　　　　图4-20　　　　　图4-21

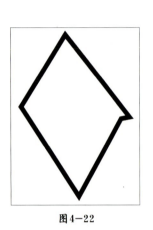 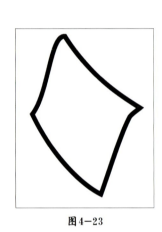

（10）绘制大衣领面。激活贝塞尔工具，首先绘制大衣领面直线外形，将轮廓线的宽度设置为0.2mm，填充白色，效果如图4-22所示；然后通过使用形状工具添加和删除节点，使线条自然流畅，效果如图4-23所示。

（11）绘制大衣领座。激活贝塞尔工具，首先绘制大衣领座直线外形，将轮廓线的宽度设置为0.2mm，填充白色，效果如图4-24所示；然后通过使用形状工具添加和删除节点，使线条自然流

图4-22　　　　　图4-23

畅，效果如图4-25所示；将大衣领面和领座重新调整位置，效果如图4-26所示。此时，大衣领面和领座在衣身的整体效果如图4-27所示。

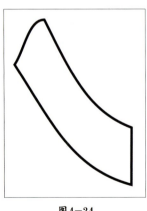 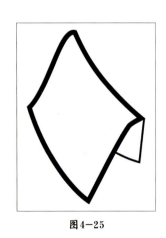 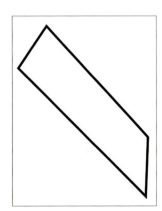 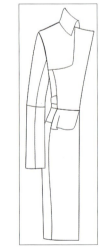

图4-24　　　　　图4-25　　　　　图4-26　　　　　图4-27

(12) 绘制大衣腰带。激活贝塞尔工具，首先绘制大衣腰带直线外形，将轮廓线的宽度设置为0.2mm，填充白色，效果如图4-28所示；然后通过使用形状工具添加和删除节点，使线条自然流畅，效果如图4-29所示。此时，腰带在衣身的整体效果如图4-30所示。

(13) 选中款式右半边所有图形，将其群组（Ctrl+G）；复制并粘贴该图形，单击属性栏中的"水平镜像"按钮，将其水平向右移动，效果如图4-31所示。此时，单击鼠标右键，在弹出的对话框中选择"顺序"/"到页面后面"选项，效果如图4-32所示。仔细观察可以发现大衣衣领被压在衣服的后面，选择左半边衣服，单击鼠标右键，在弹出的对话框中选择"取消群组"选项，调整大衣衣领的前后顺序，效果如图4-33所示。

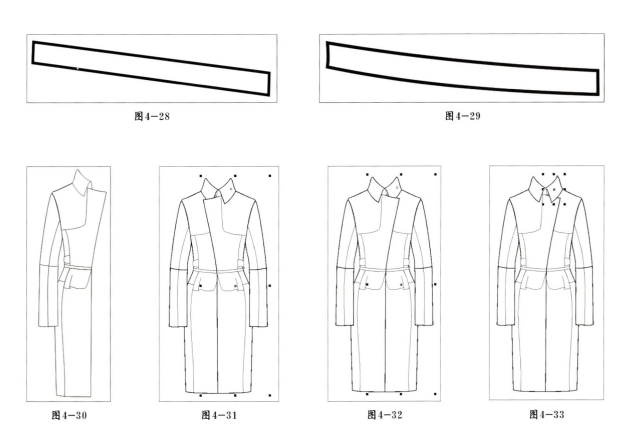

图4-28　　　　　　　　　　　　　　图4-29

图4-30　　　　图4-31　　　　图4-32　　　　图4-33

(14) 绘制大衣后领。激活贝塞尔工具，首先绘制大衣后领直线外形，将轮廓线的宽度设置为0.5mm、0.2mm，如图4-34所示；然后通过使用形状工具添加和删除节点，使线条自然流畅，调整其位置及前后顺序，大衣后领效果如图4-35所示。

(15) 绘制大衣腰带扣。激活矩形工具，绘制两个圆角矩形，如图4-36所示；将两个矩形叠加并使其中心对齐，同时选中两个矩形，单击属性栏上的"修剪"按钮（图4-37），完成大衣腰带扣的外形；激活渐变填充工具，渐变填充效果及渐变设置如图4-38所示；将大衣腰带扣轮廓线的宽度设置为发丝，其在衣身上展示的效果如图4-39所示；最终完成的大衣的简笔风格平面款式图，如图4-2所示。

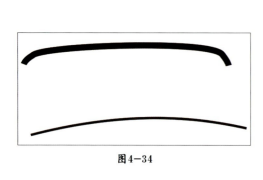
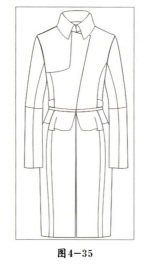
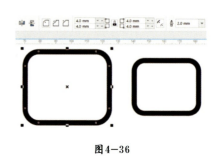

图4-34　　　　　　　　　图4-35　　　　　　　　　图4-36

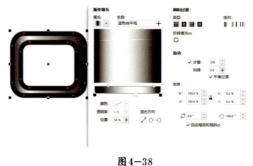
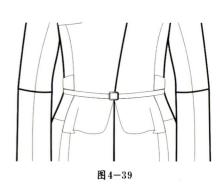

图4-37　　　　　　　　　图4-38　　　　　　　　　图4-39

### 4.1.2　动态风格服装平面款式图

绘制动态风格服装平面款式图（图4-40）的操作步骤如下：

（1）新建文档，其参数设置如图4-41所示。

（2）激活贝塞尔工具，首先绘制大衣右衣片的原形，然后设置属性栏中轮廓线的宽度为0.5mm，填充白色，效果如图4-42所示。

（3）激活形状工具，依次在轮廓线转折位置添加或删除节点，将节点曲线化，使线条自然流畅，效果如图4-43所示。

（4）绘制大衣腰部分割线。使用同样的方法绘制大衣腰部的分割线，将轮廓线的宽度设置为0.2mm，如图4-44所示。此时，大衣右衣片腰线在衣身的整体效果如图4-45所示。

（5）绘制大衣公主线。使用同样的方法切出大衣公主线，考虑动态的效果，因此调整曲线时要把握好线形；将轮廓线的宽度设置为0.2mm，填充白色，效果如图4-46所示。

图4-40

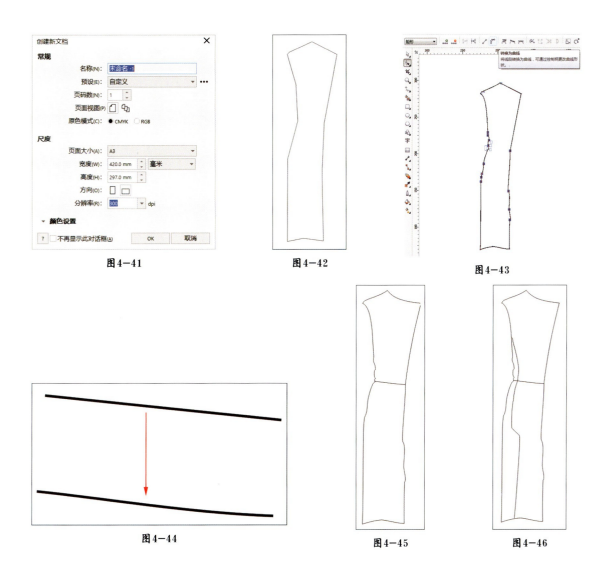

图 4-41　　　　　图 4-42　　　　　图 4-43

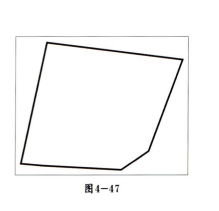

图 4-44　　　　　图 4-45　　　　　图 4-46

（6）绘制大衣右衣片口袋。激活贝塞尔工具，首先绘制大衣口袋直线外形，将轮廓线的宽度设置为 0.2mm，填充白色，效果如图 4-47 所示；然后通过使用形状工具添加和删除节点，使线条自然流畅，效果如图 4-48 所示。此时，大衣右衣片口袋在衣身的整体效果如图 4-49 所示。

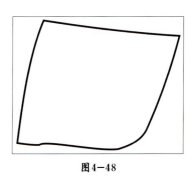
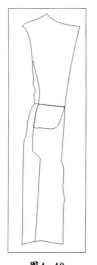

图 4-47　　　　　图 4-48　　　　　图 4-49

(7) 绘制大衣的前暖片装饰。激活贝塞尔工具,首先绘制大衣前暖片直线外形,将轮廓线的宽度设置为0.2mm,填充白色,效果如图4-50所示;然后通过使用形状工具添加和删除节点,使线条自然流畅,效果如图4-51所示。此时,大衣前暖片在衣身的整体效果如图4-52所示。

(8) 使用同样的方法绘制大衣右衣片的另一条分割线,绘制时注意使两条分割线重叠部位吻合。分割线与衣身结合的效果如图4-53所示。

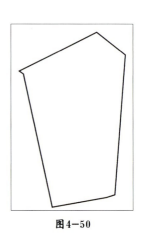
图4-50

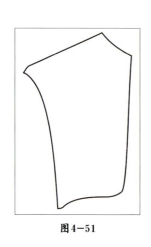
图4-51

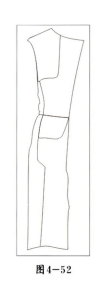
图4-52

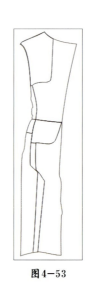
图4-53

(9) 绘制大衣腰带。激活贝塞尔工具,首先绘制大衣腰带外形,将轮廓线的宽度设置为0.2mm,填充白色;然后通过使用形状工具添加和删除节点,使线条自然流畅,效果如图4-54所示。此时,大衣腰带在衣身的整体效果如图4-55所示。

(10) 绘制大衣腰部装饰。激活贝塞尔工具,首先绘制大衣腰部直线外形,将轮廓线的宽度设置为0.2mm;然后通过使用形状工具添加和删除节点,使线条自然流畅,效果如图4-56所示。此时,大衣腰部装饰在衣身的整体效果如图4-57所示。

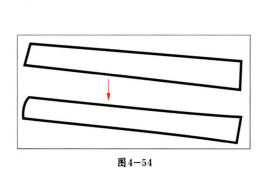
图4-54

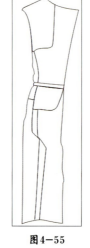
图4-55

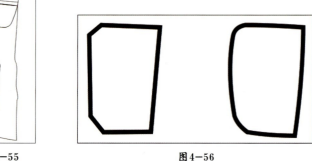
图4-56

（11）绘制大衣右衣片的新衣褶。激活贝塞尔工具，首先绘制大衣腰部直线外形，将轮廓线的宽度设置为 0.2mm；然后通过使用形状工具添加和删除节点，使线条自然流畅，且具有飘动的感觉，效果如图 4-58 所示。此时，大衣右衣片的新衣褶在衣身的整体效果如图 4-59 所示。

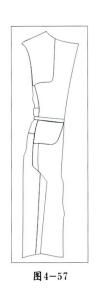 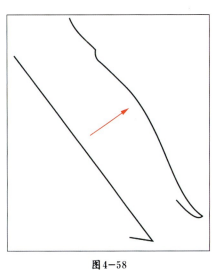 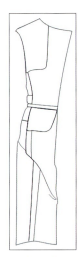

图 4-57　　　　　　　　　　图 4-58　　　　　　　　　　图 4-59

（12）绘制大衣右衣袖。激活贝塞尔工具，首先绘制大衣右衣袖直线外形，将轮廓线的宽度设置为 0.5mm，填充白色；然后通过使用形状工具添加和删除节点，使线条自然流畅，效果如图 4-60 所示。

（13）继续绘制大衣右衣袖分割线和衣褶。使用同样的方法，用直线切出大衣右衣袖分割线和衣褶，将轮廓线的宽度设置为 0.2mm，然后通过使用形状工具添加和删除节点，使线条自然流畅，效果如图 4-61 所示。此时，大衣右衣袖分割线和衣褶的效果如图 4-62 所示；

（14）调整前后关系，将大衣衣袖移至衣片后面，大衣衣袖、衣身效果如图 4-63 所示。

（15）使用同样的方法绘制大衣左衣片，将轮廓线的宽度设置为 0.5mm，填充白色；然后绘制大衣左衣片分割腰线，将轮廓线的宽度设置为 0.2mm。此时，衣身效果如图 4-64 所示。

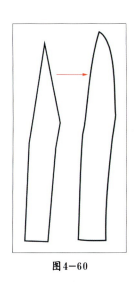 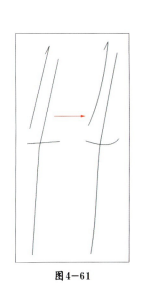 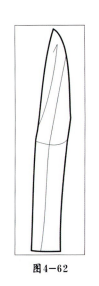 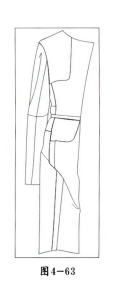 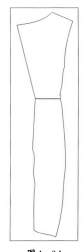

图 4-60　　　　图 4-61　　　　图 4-62　　　　图 4-63　　　　图 4-64

（16）继续绘制大衣左衣片公主线，将轮廓线的宽度设置为0.2mm，绘制时注意线条要具有动感，效果如图4-65所示。

（17）绘制大衣左衣片口袋，绘制时注意左右口袋的对称性，将轮廓线的宽度设置为0.2mm，效果如图4-66所示。

（18）继续绘制大衣左衣片另一条公主线，将轮廓线的宽度设置为0.2mm，绘制时注意两条线的间距以及与口袋之间的关系，效果如图4-67所示。

（19）绘制大衣左衣片腰带，将轮廓线的宽度设置为0.2mm，填充白色，效果如图4-68所示。

（20）使用同样的方法绘制大衣腰部装饰，将轮廓线的宽度设置为0.2mm，填充白色，效果如图4-69所示。

（21）使用同样的方法绘制大衣左衣袖，将轮廓线的宽度分别设置为0.5mm、0.2mm，填充白色，效果如图4-70所示；调整大衣衣袖与衣身的关系，效果如图4-71所示。

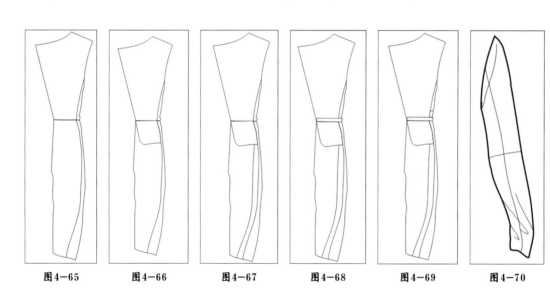

图4-65　　图4-66　　图4-67　　图4-68　　图4-69　　图4-70　　图4-71

【图4-72至图4-81】

（22）将大衣左右两部分合在一起，分别全选右半边、左半边部件并群组，调整前后关系，效果如图4-72所示。

（23）使用同样的方法绘制大衣领面和领座，将轮廓线的宽度分别设置为0.5mm、0.2mm，效果如图4-73所示。

（24）使用同样的方法绘制大衣后领线，如图4-74所示；将大衣后领、领座、领面结合在一起，如图4-75所示；衣领和衣身结合效果如图4-76所示。

（25）大衣腰带扣的制作步骤如简笔风格服装平面款式图一样，效果如图4-77所示。

（26）完善动态风格服装平面款式图，绘制大衣衣褶，让款式更具动感。激活贝塞尔工具，绘制出各种衣褶形状，将轮廓线的宽度设置为0.2mm，设置渐变填充参数如图4-78所示，单击"确定"按钮，效果如图4-79所示；选中所有衣褶，取消轮廓线，效果如图4-80所示。激活透明工具，从左至右拖曳鼠标，透明效果如图4-81所示；动态风格服装平面款式图的最终效果如图4-40所示。

## 4.2 使用 Photoshop 绘制动态风格的服装平面款式图

使用 Photoshop 同样可以绘制服装款式图，其绘制款式图用时较短，款式色彩、面料也可以改变，但如果改变款式形状则比较费时，这是由于 Photoshop 的主要功能在于图像处理。利用 Photoshop 绘制的服装平面款式图，如图 4-82、图 4-83 所示。

图 4-82　　　　　　　　　　图 4-83

### 4.2.1　红色爱心礼服动态风格的正面款式图

绘制红色爱心礼服动态风格的正面款式图的操作步骤如下：

（1）新建文档，其参数设置如图 4-84 所示。

图 4-84

(2) 新建图层并命名为"爱心礼服上半身右半部分心形",激活钢笔路径工具,在"路径"面板中新建路径,首先用直线路径绘制礼服原形,效果如图4-85所示;然后利用添加和删除锚点工具修改和完善路径形状,效果如图4-86所示,同时在"路径"面板中将绘制的路径命名为"爱心礼服上半身右半部分心形路径"。

(3) 激活画笔工具,单击属性栏中的画笔设置按钮,画笔参数设置如图4-87所示;在"路径"面板中单击鼠标右键,在弹出的下拉菜单中选择"描边路径"选项,效果如4-88所示。

  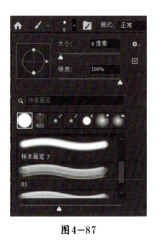 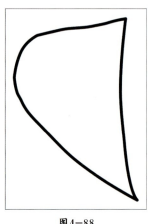

图4-85　　　　　　图4-86　　　　　　图4-87　　　　　　图4-88

(4) 在"路径"面板中单击鼠标右键,在弹出的下拉菜单中选择"建立选区"选项,将路径转换为选区;复制"爱心礼服上半身右半部分心形图层",定义为"爱心礼服上半身右半部分心形 拷贝"(图4-89);执行"编辑"/"填充"命令,将选区填充为红色(R249、G6、B40),效果如图4-90所示。

(5) 新建图层并命名为"爱心礼服上半身右半部分心形内衬"。使用相同的方法绘制礼服原形,效果如图4-91所示;调整曲线路径后执行"描边路径"命令,其他参数同上,效果如图4-92所示。

(6) 创建拷贝层。使用同样的方法将该路径转换为选区并填充红色(R249、G6、B40),同时激活橡皮擦工具,擦除多余的线,效果如图4-93所示。

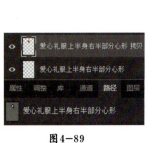 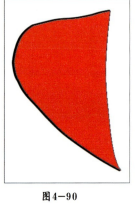  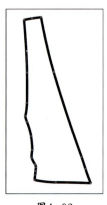 

图4-89　　　　　图4-90　　　　　图4-91　　　　　图4-92　　　　　图4-93

（7）新建图层并命名为"爱心礼服上半身左半部分心形"，使用相同的方法绘制礼服原形，效果如图4-94所示；调整曲线路径后执行"描边路径"命令，其他参数同上，效果如图4-95所示。

（8）创建拷贝层。使用同样的方法将该路径转换为选区并填充红色（R249、G6、B40），同时擦除多余的线，效果如图4-96所示。

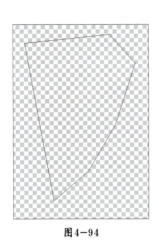
图4-94

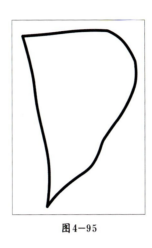
图4-95

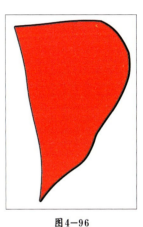
图4-96

（9）新建图层并命名为"爱心礼服上半身左半部分心形内衬"，使用相同的方法，绘制礼服原形，效果如图4-97所示；调整曲线路径后执行"描边路径"命令，其他参数同上，效果如图4-98所示。

（10）创建拷贝层。使用同样的方法将该路径转换为选区并填充红色（R249、G6、B40），同时擦除多余的线，效果如图4-99所示。

（11）新建图层并命名为"爱心礼服下半身爱心右半边"，使用相同的方法绘制礼服原形，效果如图4-100所示；调整曲线路径后执行"描边路径"命令，其他参数同上，效果如图4-101所示。

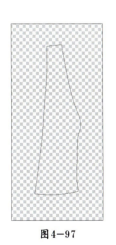
图4-97

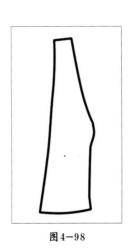
图4-98

图4-99

图4-100

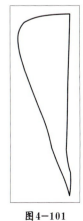
图4-101

（12）创建拷贝层。使用同样方法将该路径转换为选区并填充红色（R249、G6、B40），同时擦除多余的线，效果如图4-102所示。

（13）新建图层并命名为"爱心礼服下半身爱心左半边"，使用相同的方法绘制礼服原形，效果如图4-103所示；调整曲线路径后执行"描边路径"命令，其他参数同上，效果如图4-104所示。

（14）使用同样的方法将该路径转换为选区并填充红色（R249、G6、B40），同时擦除多余的线，效果如图4-105所示。

图4-102
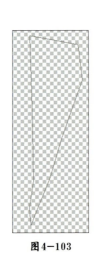
图4-103
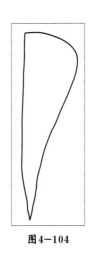
图4-104

图4-105

（15）新建图层并命名为"爱心礼服下半身内衬"，使用相同的方法绘制礼服原形，效果如图4-106所示；调整曲线路径后执行"描边路径"命令，其他参数同上，效果如图4-107所示。

（16）创建拷贝层。使用同样的方法将该路径转换为选区并填充红色（R249、G6、B40），同时擦除多余的线，效果如图4-108所示。

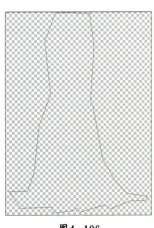
图4-106
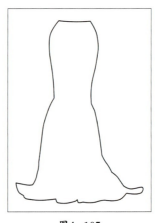
图4-107
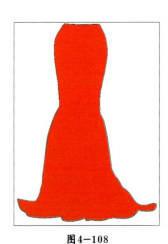
图4-108

（17）新建图层并命名为"爱心礼服下半身下摆的褶饰"，激活钢笔路径工具，在"路径"面板中新建路径，首先用直线路径绘制礼服原形，然后利用添加和删除锚点工具修改和完善路径形状，设置"描边路径大小"为6像素，效果如图4-109所示。在绘制皱褶时，每条皱褶都要新建路径。此时，礼服效果如图4-110所示，路径"面板"如图4-111所示。

图4-109

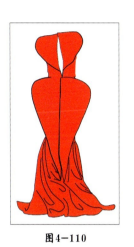
图4-110

图4-111

（18）新建图层并命名为"腰带装饰"，激活钢笔路径工具，在"路径"面板中新建路径，首先用直线路径绘制礼服原形，效果如图4-112所示，然后利用添加和删除锚点工具修改和完善路径形状，单击鼠标右键将路径转化为选区，设置描边参数如图4-113所示，单击"确定"按钮，效果如图4-114所示。

（19）激活魔术棒工具，点击腰带的内部区域，形成新的选区；激活渐变填充工具，设置如图4-115

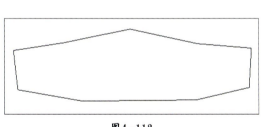
图4-112

图4-113

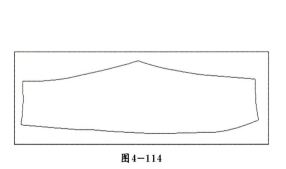
图4-114

图4-115

所示参数，选择"线性渐变"方式，其填充效果如图4-116所示。

（20）此时，红色爱心礼服整体效果如图4-82所示，图层设置如图4-117所示，关闭填色图层，线描效果如图4-118所示。

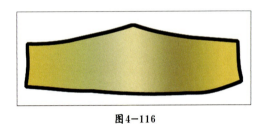
图4-116

图4-117

图4-118

### 4.2.2　红色爱心礼服动态风格的背面款式图

绘制红色爱心礼服动态风格的背面款式图（图4-119）的操作步骤如下：

（1）打开图4-83并重新命名为"红色爱心礼服背面动态风格的背面款式图"，关闭除"爱心礼服上半身左半部分心形内衬、爱心礼服上半身左半部分心形内衬 拷贝"图层外的图层。同时选择两个图层，执行"编辑"/"变换"/"水平翻转"命令，效果如图4-120所示。

（2）关闭除"让礼服上半身右半部分心形内衬、礼服上半身右半部分心形内衬"图层外的图层。同时选择这两个图层，执行"编辑"/"变换"/"水平翻转"命令，效果如图4-121所示。调整两个图层的位置关系，效果如图4-122所示。

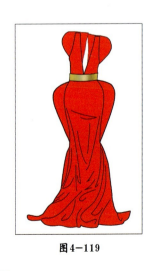
图4-119

图4-120

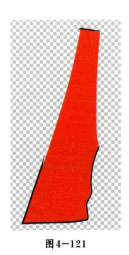
图4-121

图4-122

(3) 关闭除"爱心礼服上半身右半部分心形、爱心礼服上半身右半部分心形 拷贝"图层外的图层。同时选择这两个图层，执行"编辑"/"变换"/"水平翻转"命令，效果如图 4-123 所示。

(4) 关闭除"爱心礼服上半身左半部分心形、爱心礼服上半身左半部分心形 拷贝"图层外的图层。同时选择这两个图层，执行"编辑"/"变换"/"水平翻转"命令，效果如图 4-124 所示。调整两个图层的位置关系，效果如图 4-125 所示。

(5) 此时"图层"面板上的图层排列顺序如图 4-126 所示，其局部效果如图 4-127 所示；再次调整图层顺序（图 4-128），效果如图 4-129 所示。

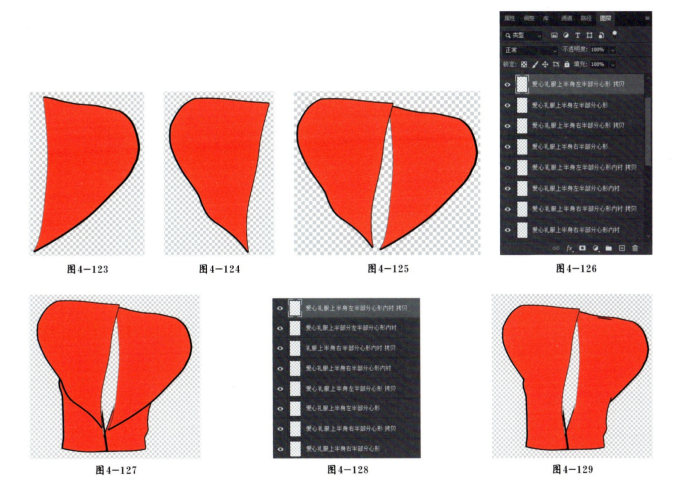

图4-123　　　　图4-124　　　　图4-125　　　　图4-126

图4-127　　　　图4-128　　　　图4-129

(6) 关闭除"爱心礼服下半身爱心右半边绘制、爱心礼服下半身爱心右半边绘制 拷贝"图层外的图层。同时选择这两个图层，执行"编辑"/"变换"/"水平翻转"命令，效果如图 4-130 所示。

(7) 关闭除"爱心礼服下半身爱心左半边绘制、爱心礼服下半身爱心左半边绘制 拷贝"图层外的图层。同时选择这两个图层，执行"编辑"/"变换"/"水平翻转"命令，效果如图 4-131 所示。调整两个图层的位置关系，效果如图 4-132 所示。

(8) 关闭除"爱心礼服下半身内衬设计、爱心礼服下半身内衬设计 拷贝、下摆的褶饰"图层外的图层。同时选择这三个图层，执行"编辑"/"变换"/"水平翻转"命令，调整它们的位置关系，效果如图 4-133 所示。此时的"图层"面板如图 4-134 所示。

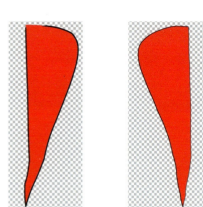 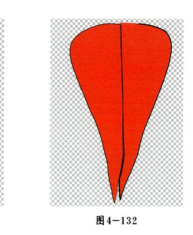 

图4-130　　　　　图4-131　　　　　图4-132　　　　　图4-133

（9）如图4-135所示调整图层顺序，效果如图4-136所示。

（10）新建调整层，修改完善背面款式图。激活路径选择工具，选择路径"爱心礼服下半身内衬设计"，执行"编辑"/"变换路径"/"水平变换路径"命令，移动到合适位置。单击鼠标右键，在弹出的下拉菜单中选择"描边路径"选项，画笔设置如图4-87所示，效果如图4-137所示；此时的"图层"面板如图4-138所示。

图4-134　　　　　图4-135　　　　　图4-136　　　　　图4-137

（11）使用同样的方法选中"爱心礼服上半身右半部分心形内衬路径"，执行"编辑"/"变换路径"/"水平变换路径"命令，移动到合适位置，效果如图4-139所示。单击鼠标右键，在弹出的下拉菜单中选择"描边路径"选项，画笔设置如图4-87所示，效果如图4-140所示。

 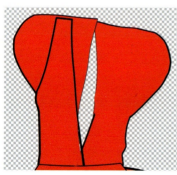

图4-138　　　　　图4-139　　　　　图4-140

（12）使用同样的方法选中"爱心礼服上半身右半部分心形内衬路径"，描边后的效果如图4-141所示，调整二者的位置关系，效果如图4-142所示。

（13）在调整层上完善爱心礼服下摆的褶饰，整体效果如图4-143所示。

图4-141

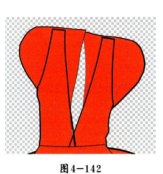
图4-142

图4-143

（14）新建"腰带背面"图层，激活钢笔路径，先用直线路径绘制原形，再利用添加和删除锚点工具修改和完善路径形状，效果如图4-144所示；单击鼠标右键，将该路径转换为选区，激活"渐变填充"工具，渐变填充设置如图4-115所示，效果如图4-145所示。最终完成的红色爱心礼服背面款图如图4-119所示。

图4-144

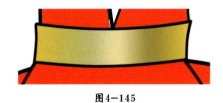
图4-145

## 课后练习

1. 选取3～4张不同风格的时装发布会图片，依照图片绘制服装正面款式图。

2. 知识扩展：旗袍作为中国传统服饰，起源于清朝满族妇女的长袍。由于满族在当时被称作旗人，其妇女所着长袍逐渐被称为旗袍。20世纪20年代，西风东渐，西方服饰文化如潮水般涌入中国，给本土服饰带来了深刻影响。到了20世纪三四十年代，旗袍更是风靡一时，几乎成为了中国女性的标准着装。请认真学习下列二维码中的旗袍课程，并举3～5个例子说明现代服装设计中的传统旗袍元素的演绎发展。

3. 设计延伸：利用软件绘制5款旗袍平面款式图（正面、背面）。

【旗袍1】

【旗袍2】

【旗袍3】

【旗袍4】

【旗袍5】

# 第五章 服饰设计的局部细节

　　整体与局部的关系是相辅相成的，局部细节表现既不能脱离整体，也不能过分强调，喧宾夺主；相反，局部细节也不能刻画粗糙，影响整体效果。在服饰设计创意表现过程中，局部细节的表现范围广泛，大到整个头部的处理，小到一根头发丝的绘制。

　　本章节主要讲述不同软件对头部、手、包、鞋、衣纹、背景、背影等局部细节的表现方法，这些都是服饰设计创意表现过程中需要重点表现的。

## 5.1　使用 CorelDRAW 进行局部细节的设计

### 5.1.1　头部的刻画

在服饰设计创意表现中，无论是服装效果图还是服装画的表现，模特的头部是必须表现的，头部的塑造是局部细节中最重要也是最复杂的部分。在完整的效果图中，头部作为局部存在；而在单纯表现头部时，它作为一个整体，包括眼睛、口鼻、发型、脸型、肤色等局部细节。CorelDRAW 软件可以利用造型工具绘制不同形状的矢量图形，尤其适合比较精致的面部五官。下面将对图 5-1 所示的效果图进行讲解。

图 5-1

操作步骤如下：

（1）新建文档，其参数设置如图 5-2 所示。

（2）绘制头发"基础层 1"。激活贝塞尔工具，利用直线工具绘制"基础层 1"的外形，如图 5-3 所示；激活形状工具，通过添加、删除和调整节点，使"基础层 1"的外形曲线自然流畅，效果如图 5-4 所示。

 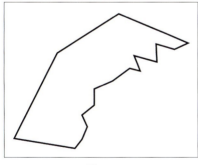 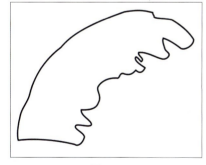

图 5-2　　　　　　　　图 5-3　　　　　　　　图 5-4

（3）激活渐变填充工具，设置如图 5-5 所示的参数，单击"OK"按钮，在其属性栏中选择"无"轮廓，效果如图 5-6 所示。

（4）绘制头发"基础层 2"。激活贝塞尔工具，利用直线工具绘制"基础层 2"的外形，如图 5-7 所示；激活形状工具，通过添加、删除或调整节点，使"基础层 2"的外形曲线自然流畅，效果如图 5-8 所示。

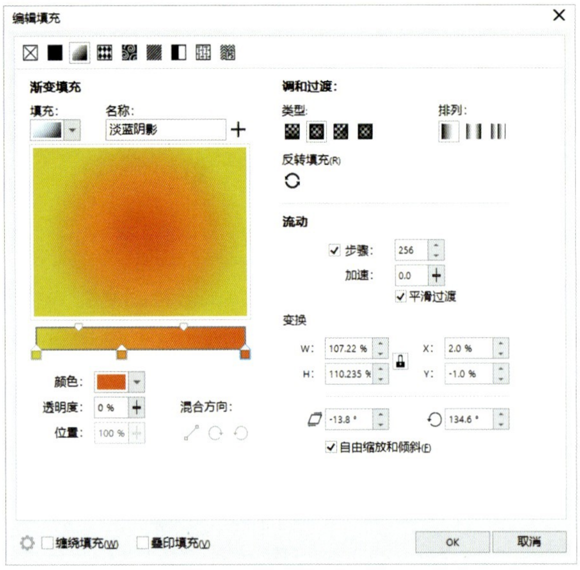

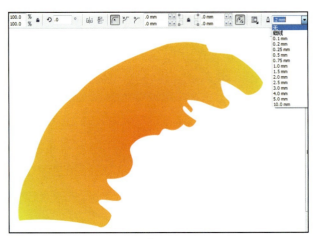

图5-5

图5-6

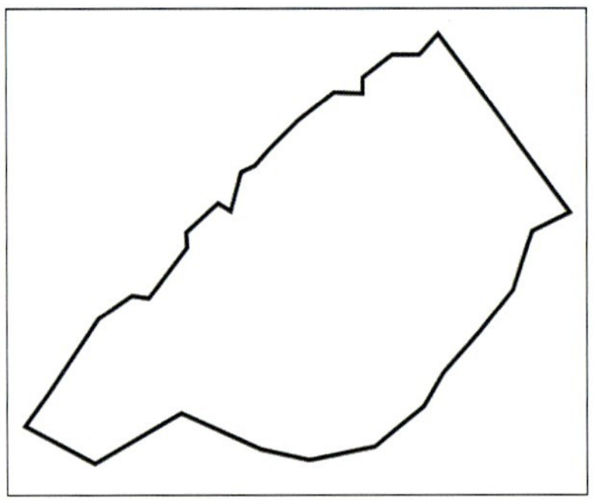

图5-7

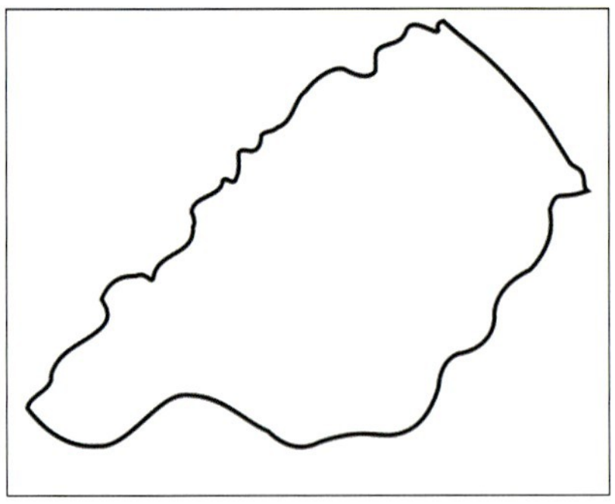

图5-8

（5）激活渐变填充工具，设置相同的渐变参数，单击"OK"按钮，在其属性栏中选择"无"轮廓，效果如图5-9所示。

（6）使用相同的方法绘制头发"基础层3"，其操作过程如图5-10至图5-12所示，此时3个基础层的叠加效果如图5-13所示。

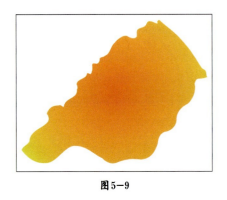

图5-9

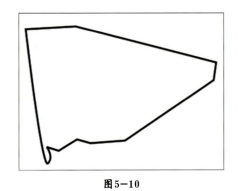

图5-10

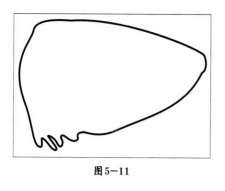
图 5-11

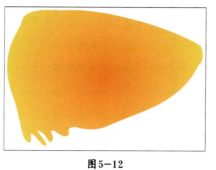
图 5-12

图 5-13

（7）使用相同的方法绘制头发"基础层 4"，其操作过程如图 5-14 至图 5-17 所示。

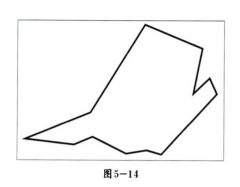
图 5-14

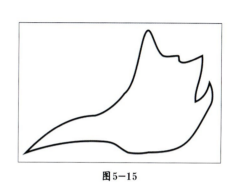
图 5-15

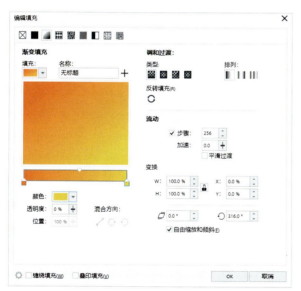
图 5-16

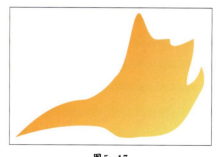
图 5-17

（8）使用同样的方法绘制头发"基础层 5"，其操作过程如图 5-18 至图 5-21 所示，此时 5 个基础层叠加的效果如图 5-22 所示。

（9）绘制人物额前的几缕头发。激活贝塞尔工具，利用直线工具绘制头发的外形，如图 5-23 所示；激活形状工具，通过添加、删除和调整节点，使头发的外形曲线自然流畅，效果如图 5-24 所示。

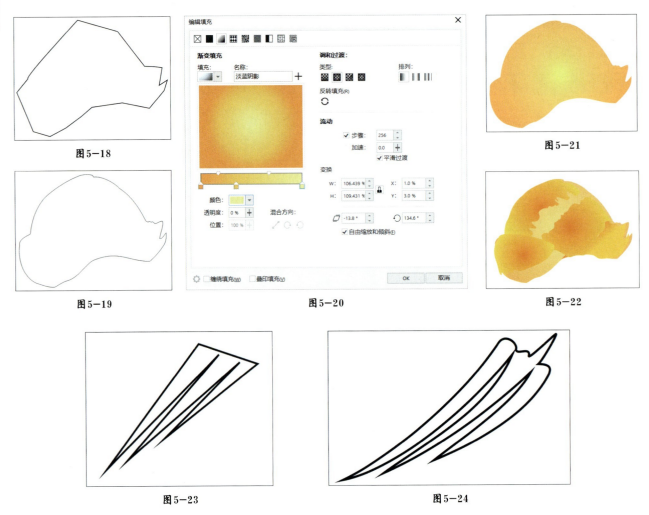

图5-18　　　图5-19　　　图5-20　　　图5-21　　　图5-22　　　图5-23　　　图5-24

（10）激活渐变填充工具，设置如图5-25所示的渐变参数，单击"OK"按钮，在其属性栏中选择"无"轮廓，效果如图5-26所示。

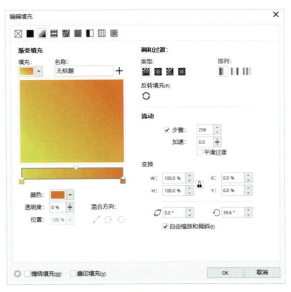

图5-25

图5-26

(11) 将头发"基础层1"～"基础层5"及额前的几缕头发组合在一起,调整其前后顺序,此时发型的基本效果如图5-27所示。

(12) 在头发基础层上绘制头发丝缕。激活贝塞尔工具,绘制头发丝的外形,保证其外形自然流畅,头发丝缕的颜色分别为:砖红色(C0、M60、K80、Y20),宝石红色(C0、M60、K60、Y40),金色(C33、M53、K95、Y1),红褐色(C0、M40、K60、Y20);设置粗线为0.2mm,细线为发丝,效果如图5-28所示;将图5-27、图5-28进行组合,完成头发的绘制,效果如图5-29所示。

图5-27

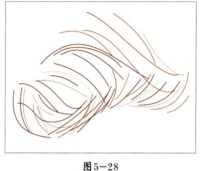
图5-28

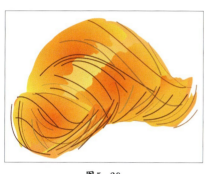
图5-29

(13) 绘制脸的外形。激活贝塞尔工具,绘制如图5-30所示脸的外形并填充白色;单击鼠标右键,在弹出的下拉菜单中选择"顺序"选项,将脸的外形移到底层,此时局部效果如图5-31所示。

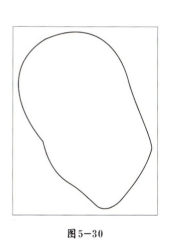
图5-30

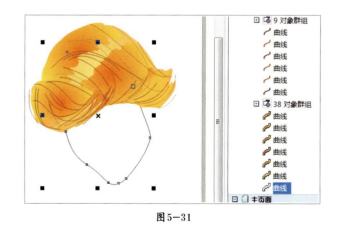
图5-31

(14) 绘制左眼。激活贝塞尔工具,绘制如图5-32所示左眼的外形;激活渐变填充工具,设置如图5-33所示的参数;单击"OK"按钮,效果如图5-34所示。

(15) 使用同样的方法绘制眼球并填充渐变色,效果如图5-35所示;复制眼球并调整其大小,效果如图5-36所示;使用同样的方法绘制眼皮并填充渐变色,效果如图5-37所示;激活贝塞尔工具,绘制双眼皮,设置轮廓线为单色,效果如图5-38所示。

(16) 使用同样的方法绘制右眼,完成过程如图5-39至图5-43所示。左右两只眼睛组合后的效果如图5-44所示。

【图5-32至图5-46】

（17）激活贝塞尔工具，绘制鼻孔形状，填充如图5-45所示的渐变色（可先绘制一只鼻孔，填充后再复制，并调整角度即可），此时面部效果如图5-46所示。

（18）激活贝塞尔工具，使用同样的方法分别绘制上、下嘴唇，其渐变填充参数设置及效果如图5-47和图5-48所示。

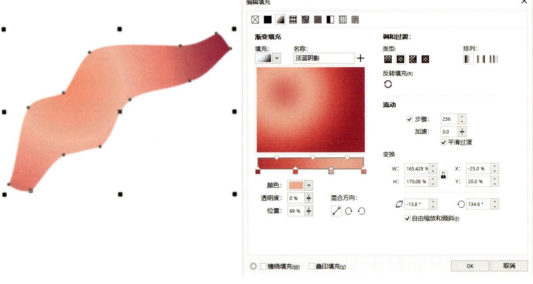

图5-47

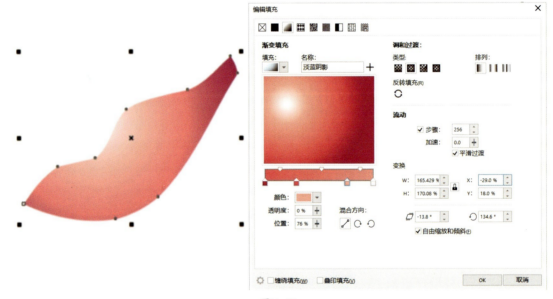

图5-48

（19）激活贝塞尔工具，绘制唇线，其轮廓笔参数设置及效果如图5-49所示；绘制唇部阴影，其渐变填充参数设置及效果如图5-50所示。此时面部效果如图5-51所示。

（20）通过观察可以发现人物面部略显苍白，因此要绘制腮红。激活贝塞尔工具，绘制左边腮红，其渐变色填充参数设置及效果如图5-52所示；激活透明工具，其效果与参数设置如图5-53所示。

【图5-49至图5-53】

(21) 使用同样的方法完成右边腮红的绘制，其渐变填充参数设置及效果如图5-54所示；激活透明工具后的效果如图5-55所示。此时可以看到人物脸色变得红润，效果如图5-56所示。

(22) 绘制脖子和耳朵。激活贝塞尔工具，使用直线工具绘制脖子和耳朵的外形，如图5-57所示；激活形状工具，调整脖子和耳朵外形曲线，使之与面部曲线相吻合；为耳朵填充颜色，其参数设置如图5-58所示；脖子和耳朵的效果如图5-59所示。

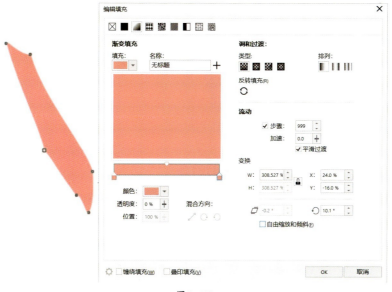

图5-54

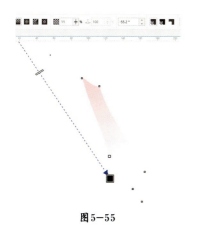

图5-55

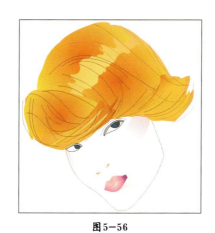

图5-56

图5-58

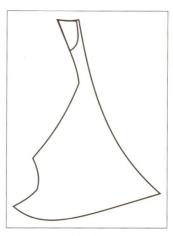

图5-57

图5-59

【图5-60至图5-65】

（23）绘制脖子的暗部。激活贝塞尔工具，依次绘制每一部分暗部的外形，相关参数的设置及效果依次如图5-60至图5-67所示，头部效果如图5-68所示。

（24）绘制眼镜。激活贝塞尔工具，绘制眼镜的外形，设置轮廓线颜色为紫色，轮廓线宽度为0.5mm，设置渐变填充参数，效果如图5-69、图5-70所示。眼镜整体效果如图5-71所示。

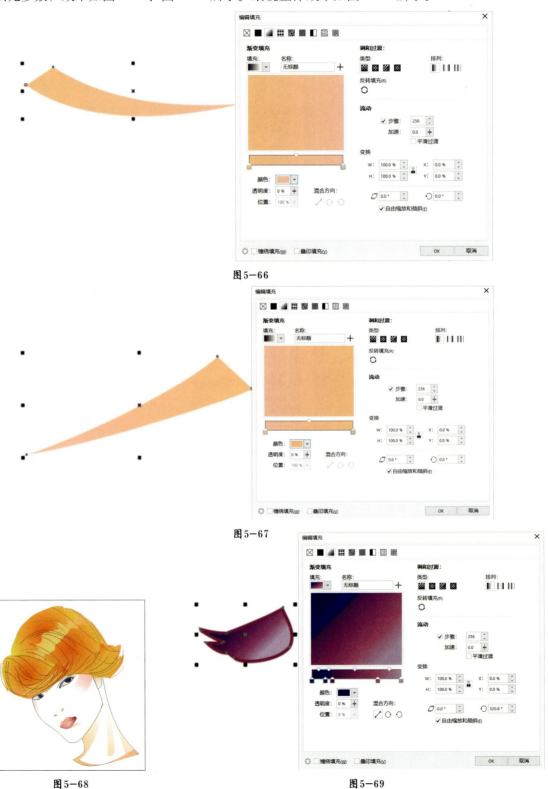

图5-66

图5-67

图5-68　　　　　　　　　　图5-69

图5-70　　　　　　　　　　　　　　　　图5-71

（25）使用同样的方法绘制眼镜的阴影部分，其绘制过程如图5-72至图5-74所示，最终人物局部细节刻画效果如图5-1所示。

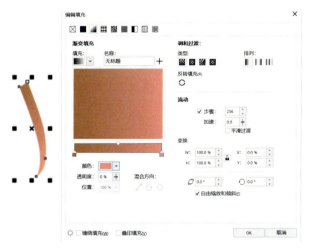

图5-72

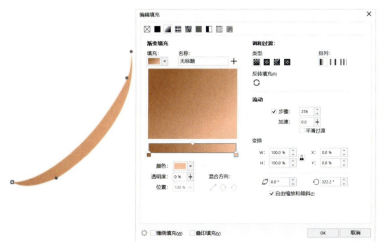
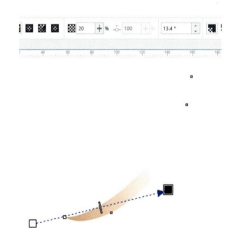

图5-73　　　　　　　　　　　　　　　　图5-74

### 5.1.2 手部的刻画

时装效果图中对于手的处理一般不会刻画得很细，而是勾画出手的动态外形线，简单地表现手的明暗关系，以便衬托服装及配饰的造型。图5-75所示为拿包的手，其放大效果如图5-76所示。

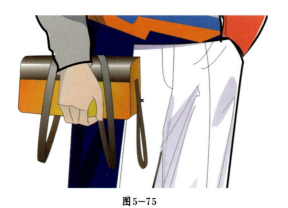

图5-75

图5-76

操作步骤如下：

（1）新建文档，激活贝塞尔工具，利用直线工具绘制手的外形，如图5-77所示。激活形状工具，通过添加和删除节点并调整节点，使手的外形曲线自然流畅，效果如图5-78所示。设置轮廓线的颜色为深褐色，轮廓线的宽度为0.2mm，填充色为C3、M15、Y16、K0，效果如图5-79所示。

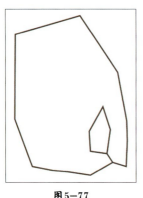

图5-77

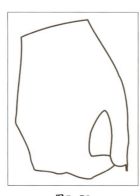

图5-78

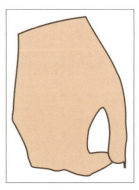

图5-79

（2）绘制手的"暗部1"。激活贝塞尔工具，绘制手的"暗部1"的外形，取消轮廓线，填充色为C9、M18、Y20、K0，效果如图5-80所示。

（3）绘制手的"暗部2"。使用同样的方法绘制手的"暗部2"的外形，取消轮廓线，填充色为C5、M11、Y13、K0，效果如图5-81所示。

（4）绘制手的"暗部3"。使用同样的方法绘制手的"暗部3"的外形，取消轮廓线，填充色为C5、M11、Y13、K0，效果如图5-82所示。此时手的局部效果如图5-83所示。

图5-80

图5-81

图5-82
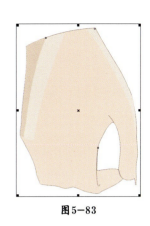
图5-83

（5）绘制手指的暗部。使用同样的方法绘制手指暗部的外形，取消轮廓线，填充渐变色，其效果如图5-84所示；激活透明工具，设置透明参数如图5-85所示，则手形的暗部绘制效果如图5-86所示。

（6）绘制手指部分的线。激活贝塞尔工具，绘制手指部分的线的外形，分别设置轮廓线的宽度为0.2mm、0.1mm，效果如图5-87所示。完成拿包手形的绘制，效果如图5-76所示。

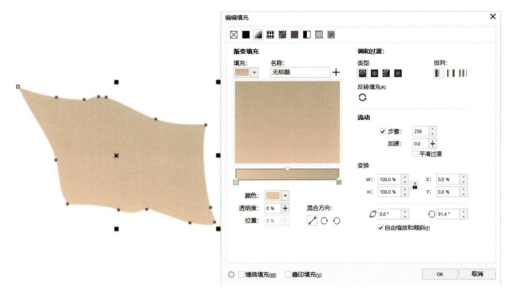
图5-84

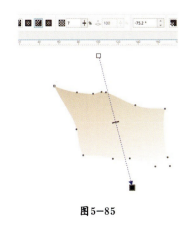
图5-85
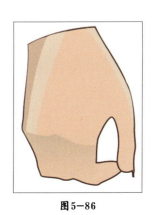
图5-86
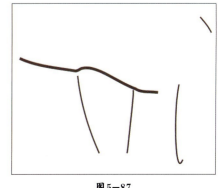
图5-87

## 5.1.3 手提包的表现

操作步骤如下：

（1）绘制包体正面黄色部分。激活贝赛尔工具，绘制正面黄色部分的外形，将轮廓线的颜色设置为黑色，宽度设置为 0.2mm，填充白色，效果如图 5-88 所示。

（2）绘制包体上半部深色部分。激活贝赛尔工具，绘制上半部深色部分的外形，将轮廓线设置为黑色，宽度设置为 0.2mm，填充白色，效果如图 5-89 所示；在此基础上绘制如图 5-90、图 5-91 所示两个图形，将三者组合，效果如图 5-92 所示。

（3）绘制包体侧面部分。激活贝赛尔工具，绘制包体侧面部分的形状，将轮廓线的颜色设置为黑色，宽度设置为 0.2mm，填充白色，效果如图 5-93 所示。

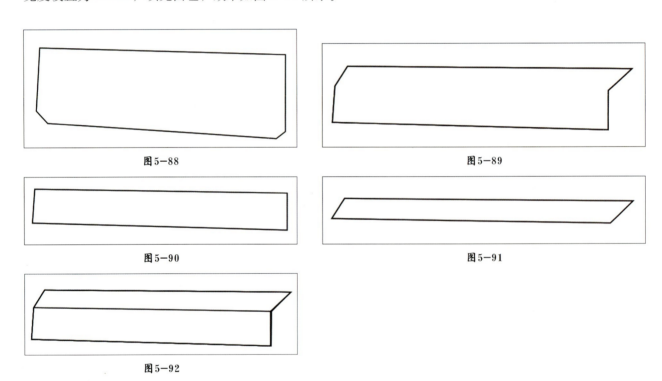

图 5-88　　　　　　　　　　　图 5-89

图 5-90　　　　　　　　　　　图 5-91

图 5-92

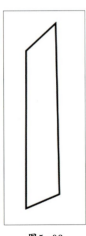

图 5-93

（4）绘制包带部分。激活贝赛尔工具，绘制三部分包带的外形，将轮廓线的颜色设置为黑色，宽度设置 0.2 为 mm，填充白色，效果如图 5-94 所示；将包带直线造型组装，效果如图 5-95 所示。

（5）调整直线为曲线。此时可以看出，整个包的外形的线条生硬，无亲近感。激活形状工具，分别选中包的各个部分节点，或利用添加和删除节点的方法，使相应的直线曲线化，保证线条自然流畅，调整后包体的形状造型效果如图 5-96 所示。

（6）填充包体的颜色。首先选择正面黄色部分，激活渐变填充工具，设置如图 5-97 所示的相关参数，单击"确定"按钮，效果如图 5-98 所示。

图5-94

图5-95

图5-96

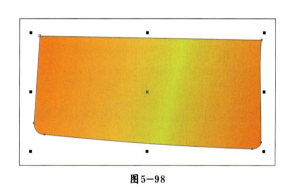

图5-97　　　　　　　　　　　　　　　　　　图5-98

（7）使用同样的方法填充包上部及侧面轮廓。激活渐变填充工具，渐变填充参数设置与效果如图5-99至图5-101所示，此时包的局部效果如图5-102所示。

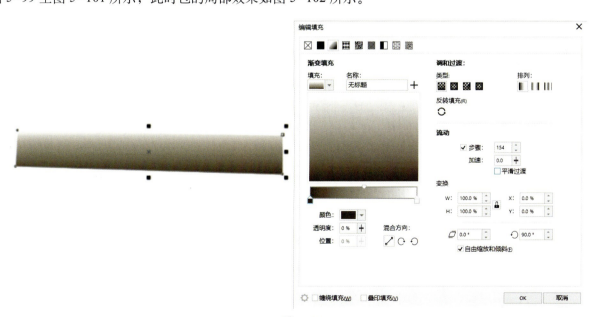

图5-99

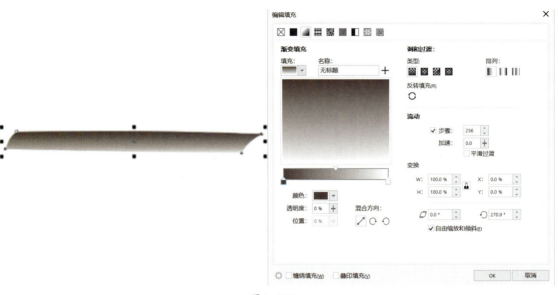

图 5-100

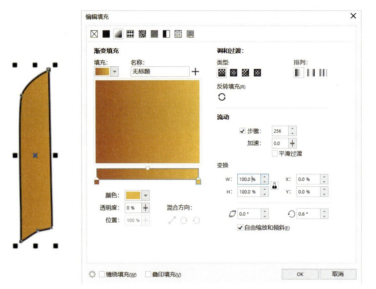

图 5-101

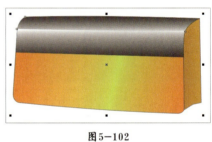

图 5-102

(8) 填充包带的颜色。选择右边的包带，渐变填充参数设置与效果如图 5-103、图 5-104 所示；中间的包带渐变填充参数设置与效果如图 5-105、图 5-106 所示；侧面的包带渐变填充参数设置与效果如图 5-107、图 5-108 所示，此时包的局部效果如图 5-109 所示。

【图 5-104 至图 5-106】

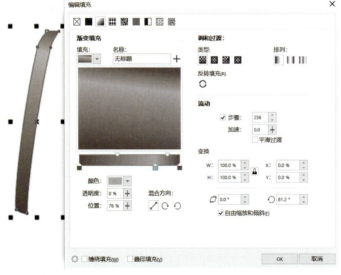

图 5-103

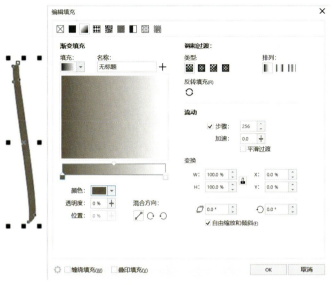

图 5-107

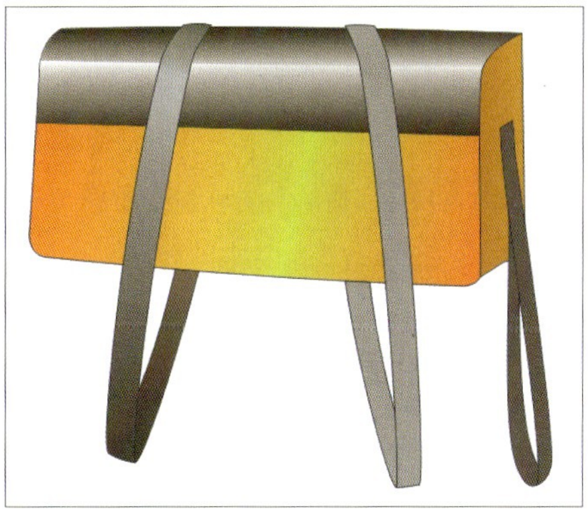

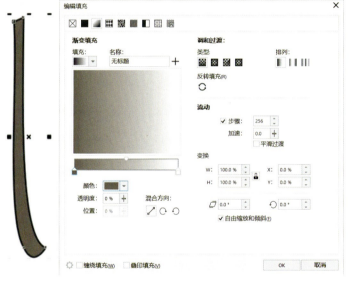

图 5-108

图 5-109

（9）绘制包的装饰线。激活贝赛尔工具，绘制如图 5-110 所示装饰线的外形，轮廓笔参数设置如图 5-111 所示。完成装饰线后，包的整体效果如图 5-112 所示。

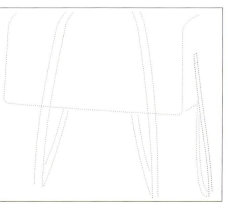

图 5-110

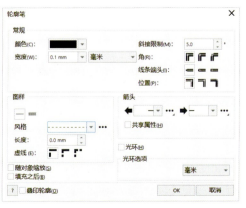

图 5-111

图 5-112

第五章 服饰设计的局部细节

### 5.1.4 衣纹部分的刻画

衣纹部分的刻画比较重要，其具体操作步骤如下：

(1) 激活贝赛尔工具，绘制如图 5-113 所示大衣的线描图；激活形状工具，通过添加、删除和调整节点，使大衣轮廓曲线自然流畅。

(2) 填充大衣面料。大衣的面料是菱形格子，里料为深红色（C0、M40、Y20、K40）。填充方法是分别选择不同衣片，激活图样填充工具（图 5-114），选择面料纹样。

(3) 在大衣上绘制衣纹部分。激活贝塞尔工具绘制衣纹的形状，填充颜色设置为（C0、M40、Y0、K60），效果如图 5-115 所示。激活透明工具，设置如图 5-116 所示的参数，衣纹部分的效果如图 5-117 所示，其在大衣上的效果如图 5-118 所示。

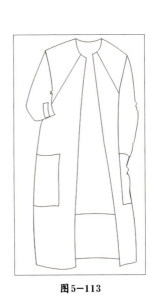

图 5-113

图 5-114

图 5-115

图 5-116

图 5-117

图 5-118

（4）勾衣纹线。激活贝塞尔工具绘制衣纹线的形状，效果如图 5-119 所示，在服装上的效果如图 5-120 所示。最终和服装其他部位搭配组合后的效果如图 5-121 所示。

图5-119

图5-120

图5-121

## 5.1.5 背景的表现

服装效果图的背景处理方式有两种：一种是利用页面背景设置完成，另一种是以导入图片的形式完成。

操作步骤如下：

（1）打开如图 5-122 所示的矢量图形。

（2）执行"布局"/"页面背景"命令，在其弹出的对话框中（图 5-123），选择"背景"选项，导入背景图（图 5-124）；在"位图尺寸"选项下重新设置"自定义尺寸"参数，如图 5-125 所示，单击"OK"按钮，效果如图 5-126 所示。

图5-122

图5-123

图5-124　　　　　　　　　　　　　　　图5-125

（3）另一种背景的处理方式是以导入图片的形式。执行"文件"/"导入"命令，选择要导入的背景图，此时画面效果如图5-127所示。

（4）如果想自定义图像大小，则按住鼠标左键拖曳即可；如果在页面上单击鼠标左键，则导入的图像尺寸以原尺寸出现在画面中，单击鼠标左键后效果如图5-128所示，拖动鼠标让图片同比例缩放，单击鼠标右键，选择"到图层后面"选项，完成如图5-126所示的背景设置。

图5-126　　　　　　　　　　图5-127　　　　　　　　　　图5-128

（5）对于图5-129所示系列服装背景图的处理，此处不再赘述。

图5-129（作者：张昀）

### 5.1.6 投影的表现

为了更好地表现服装效果，有时还需要增加投影效果。服装效果图投影部分的绘制方法有两种：一种是如图5-130所示的侧投影和透视投影，另一种是根据软件自带的投影工具完成的投影。

操作步骤如下：

（1）打开图5-122，选中该图形，复制该图形并调整位置，效果如图5-131所示。

（2）选中左边的人物，去掉不必要的部分。对于头部、鞋子部分。可利用贝塞尔工具和造型工具完成头部、鞋子的曲线路径；选中所有图形，填充80%黑色，黑色剪影效果如图5-132所示。

图5-130

图5-131

图5-132

（3）选中黑色剪影，复制并粘贴图形，调整位置待用。双击原图黑色剪影，设置旋转角度（图 5-133）；单击鼠标右键，调整前后顺序，效果如图 5-134 所示。

（4）选中备用的黑色剪影，填充紫色（C20、M80、Y0、K20）。该颜色可根据设计要求进行设定，效果如图 5-135 所示；将紫色背影移动到此对象后面，效果如图 5-130 所示。

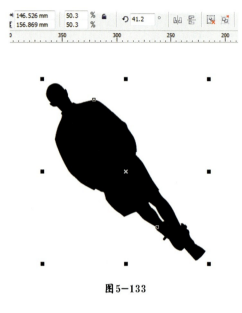
图 5-133

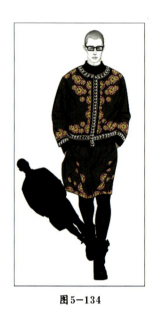
图 5-134

图 5-135

（5）侧投影设计。在不透明度数值偏小的情况下，可以随时调整投影属性栏的参数，以产生不同虚实变化的投影。下面是其中一种服装效果图中常用的投影设置，设置及完成效果如图 5-136、图 5-137 所示。

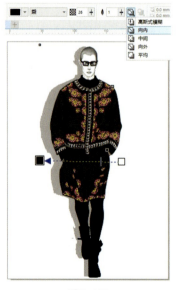
图 5-136

图 5-137

(6)透视投影表现会受到光线的影响。在服装效果图中,通常有3种形式:阴影设置及完成效果如图5-138至图5-140所示;变换透视投影的颜色,如图5-141所示;设置红色光晕式投影,如图5-142所示。

(7)图5-143所示为系列服装效果图投影表现形式,大家不妨尝试一下。

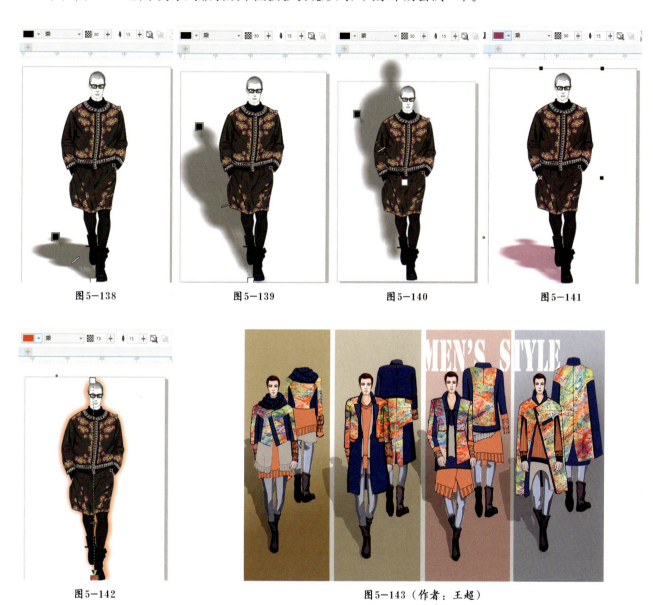

图5-138　　　　图5-139　　　　图5-140　　　　图5-141

图5-142　　　　图5-143(作者:王超)

## 5.2　使用Photoshop进行局部细节的设计

### 5.2.1　头部的刻画

人物头部的刻画应注意头发线条的自然流畅(图5-144),具体操作步骤如下:

(1)新建文档,其参数设置如图5-145所示。

(2) 新建图层并命名为"脸部",使用钢笔路径工具切出外形,如图 5-146 所示。利用添加、删除锚点及点转换工具修改路径,使路径线条自然流畅,效果如图 5-147 所示。

(3) 在"路径"面板中单击鼠标右键,在弹出的下拉菜单中选择"建立选区"选项,填充颜色(R255、G229、B208),将选区描边,其参数设置如图 5-148 所示,其中描边颜色为 R101、G72、B67,效果如图 5-149 所示。

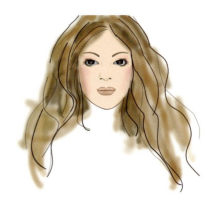

图 5-144

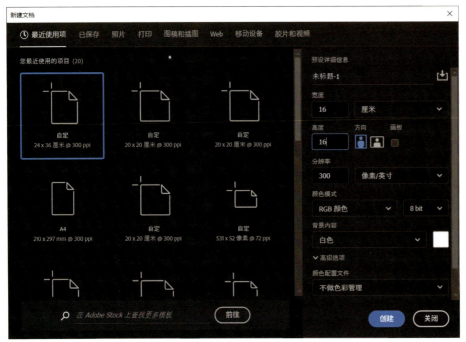

图 5-145

图 5-146

图 5-147

图 5-148　　　　　　　　　图 5-149

（4）新建图层并命名为"右半部分头发的中间色"，激活画笔工具，设置画笔为"喷枪"模式，设置前景色为 R176、G144、B89。在绘制头发中间色时要随时调整不透明度和流量，形成色彩的层次感，效果如图 5-150 所示。用同样的方法新建图层并命名为"左半部分头发的中间色"，绘制左边头发的中间色，效果如图 5-151 所示。

图 5-150　　　　　　　　　　　图 5-151

（5）新建图层并分别命名为"右半部分亮色"和"左半部分亮色"，设置画笔为"喷枪"模式，设置前景色为 R255、G205、B184。采用上述方法进行绘制，效果分别如图 5-152、图 5-153 所示。

图 5-152　　　　　　　　　　　图 5-153

（6）新建图层并命名为"头发重颜色"，设置画笔为"喷枪"模式，设置前景色为 R124、G98、B66。绘制深颜色头发时，不透明度和流量数值应大些，深色和亮色组合效果如图 5-154 所示。亮色、中间色、深色组合效果如图 5-155 所示。此时"图层"面板的设置如图 5-156 所示。

（7）新建图层并命名为"右边头发丝缕"，使用钢笔路径工具绘制右边头发丝缕路径，分别执行"描边路径"命令，将描边颜色设置为：R96、G77、B60；R199、G189、B167；R165、G146、B105。将描边画笔直径分别设置成 4、6、8 像素描绘头发丝缕，可形成前后关系与粗细变化效果，同时注意画笔的流量和不透明度数值的变化，效果如图 5-157 所示。

（8）新建图层并命名为"左边头发丝缕"。绘制步骤同上，颜色设置分别为：R129、G89、B41；R130、G99、B77；R95、G77、B60；R197、G187、B161，效果如图 5-158 所示。将左边、右边头发丝缕及色彩重新组合，效果如图 5-159 所示。

（9）此时脸部的"图层"面板如图 5-160 所示。此时，头发中隐约有脸部的印记（图 5-161），激活橡皮擦工具擦除印记，效果如图 5-162 所示。

图 5-154

图 5-155

图 5-156

图 5-157

图 5-158

图 5-159

图 5-160

图 5-161

图 5-162

（10）新建图层并命名为"眼眉"，激活钢笔路径工具绘制直线眼眉路径，效果如图5-163所示；利用添加和删除锚点及点转换工具修改路径，使路径线条自然流畅，效果如图5-164所示。

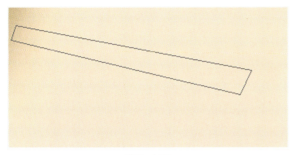

图5-163

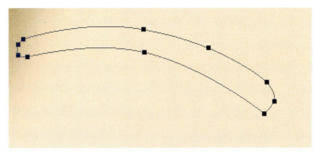

图5-164

（11）单击鼠标右键，将路径转换为选区。激活渐变填充工具，设置如图5-165所示渐变填充参数，单击"确定"按钮，效果如图5-166所示。

图5-165

图5-166

（12）以"眼眉"图层为当前图层，为了使眼眉能够和面部融合在一起，将该图层的不透明度设置为70%；激活涂抹工具，仔细绘制每根眉毛，效果如图5-167所示。

（13）新建图层并命名为"左上眼睑"，使用钢笔路径工具绘制如图5-168所示"左上眼睑"曲线路径；单击鼠标右键，将路径转换为选区，激活渐变填充工具，设置图5-169所示渐变填充色，单击"确定"按钮，效果如图5-170所示。

（14）新建图层并命名为"左下眼睑"，使用钢笔路径工具绘制如图5-171所示曲线"左下眼睑"路径；单击鼠标右键，将路径转换为选区，激活渐变填充工具，设置同样的渐变填充色，单击"确定"按钮，效果如图5-172所示；上眼睑和下眼睑组合效果如图5-173所示。

【图5-167至图5-174】

（15）新建图层并命名为"眼白"，使用钢笔路径工具绘制如图5-174所示的直线眼白路径，利用添加和删除锚点及点转换工具修改路径，使"眼白"路径线条自然流畅，效果如图5-175所示。单击鼠标右键，将路径转换为选区，设置如图5-176所示的渐变填充色，单击"确定"按钮，效果如图5-177所示。眼睑和眼白的组合效果如图5-178所示。

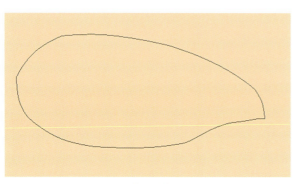

图5-175

图5-176

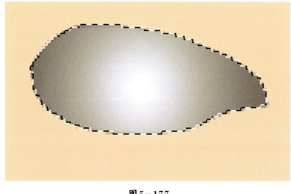

图5-177

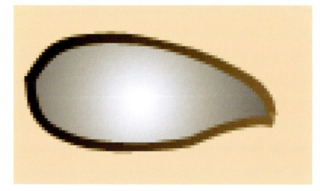

图5-178

（16）新建图层并命名为"眼球"，使用钢笔路径工具绘制如图5-179所示的直线眼球路径；利用添加和删除锚点及点转换工具修改路径，使"眼球"路径线条自然流畅，效果如图5-180所示。通过单击鼠标右键将路径转换为选区，设置图5-181所示的渐变填充色，单击"确定"按钮，效果如图5-182所示。

（17）激活画笔工具，将颜色设定为灰色，调整流量、不透明度，涂抹后的效果如图5-183所示；眼睑、眼白、眼球的组合效果如图5-184所示。

（18）新建图层并命名为"眼影"部分，绘制如图5-185所示的眼影路径；单击鼠标右键，将路径转换为选区，设置如图5-186所示的渐变填充色；单击"确定"按钮，效果如图5-187所示；激活模糊工具，对眼影边缘部分进行模糊处理，效果如图5-188所示。

【图5-179至图5-185】

图5-187

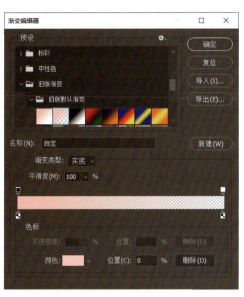

图5-186

图5-188

(19)新建图层并命名为"双眼皮线",使用钢笔路径工具绘制双眼皮线的曲线路径,单击鼠标右键,执行"描边路径"命令(图5-189);设置画笔描边参数,描边效果如图5-190所示;激活模糊工具,对眼线边缘部分进行模糊处理,效果如图5-191所示。

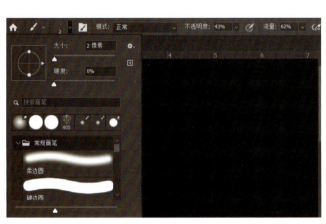

图5-189

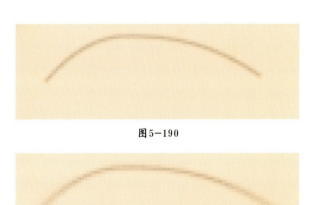

图5-190

图5-191

(20)新建图层并命名为"右眼睫毛",激活钢笔路径工具,绘制"右眼睫毛"路径,效果如图5-192所示;利用添加和删除锚点及点转换工具修改路径,使右眼睫毛曲线自然流畅,效果如图5-193所示;单击鼠标右键,将路径转换为选区,设置如图5-194所示的渐变填充色,填充效果如图5-195所示。

(21)其余的睫毛都是在这根睫毛的基础上完成的。首先复制"眼睫毛"图层,执行"编辑"/"自

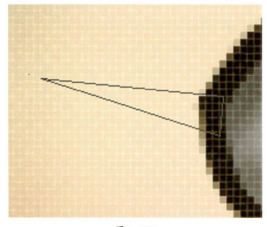
图5-192

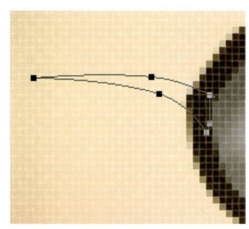
图5-193

图5-194

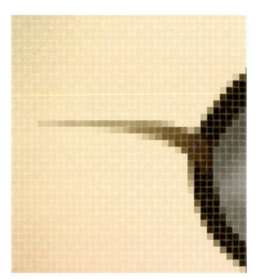
图5-195

由变换"命令，调整大小和方向，完成符合需要的睫毛形状；然后将所有睫毛合并为一层，则双眼皮线、眼影、睫毛的组合效果如图5-196所示。此时将上眼睑、下眼睑、眼白、眼球、睫毛、眼影组合后的效果如图5-197所示。

图5-196

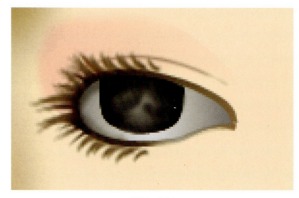
图5-197

(22)复制"左上眼睑"图层并命名为"右上眼睑",执行"编辑"/"变换"/"水平翻转"命令,将其移动至合适的位置。按照同样的步骤,依次完成右下眼睑、右眼白、右眼球、右眼睫毛、右眼影、右双眼皮、右眼眉的复制及命名,则眼部的整体效果如图5-198所示。此时图层设置如图5-199所示。

(23)新建图层并命名为"鼻子",使用钢笔工具绘制如图5-200所示的鼻子路径,单击鼠标右键,将路径转换为选区,设置如图5-201所示渐变填充色并完成填充。

图5-198

图5-200

图5-201

图5-199

(24)激活模糊、涂抹工具,对"鼻子"图层进行模糊效果处理,效果如图5-202所示。新建图层并命名为"鼻子上方",将颜色设置为R231、G203、B178;激活毛笔工具,通过改变透明度及笔头的参数,效果如图5-203所示。此时头部效果如图5-204所示。

图5-202

图5-203

图5-204

（25）新建图层并命名为"上嘴唇"，使用钢笔路径工具绘制上嘴唇曲线路径，单击鼠标右键，将路径转换为选区，为其填充颜色（R239、G188、B169）；执行"编辑"/"描边"命令，设置描边宽度为 2 像素，描边颜色为 R124、G89、B74，通过加深工具修正，效果如图 5-205 所示。

（26）新建图层并命名为"上嘴唇亮部"，将前景色设置为 R241、G205、B191，激活画笔工具和橡皮擦工具，通过调整其不透明度和流量，采用手绘及擦除手段，完成如图 5-206 所示的"上嘴唇亮部"效果。

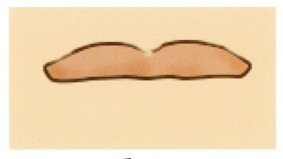

图 5-205

图 5-206

（27）新建图层并命名为"下嘴唇"。步骤同第（25）步，将填充颜色设置为 R124、G89、B74，描边颜色设置为 R212、G159、B139，通过加深工具修正，效果如图 5-207 所示。

（28）新建图层并命名为"下嘴唇亮部"。步骤同第（26）步，将前景色设置为 R241、G205、B191，"下嘴唇亮部"效果如图 5-208 所示，嘴唇效果如图 5-209 所示，此时头部效果如图 5-210 所示。

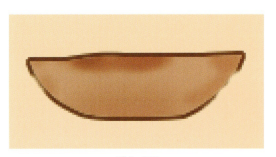

图 5-207

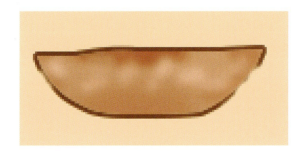

图 5-208

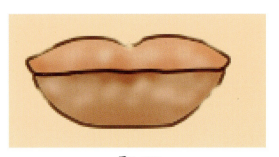

图 5-209

图 5-210

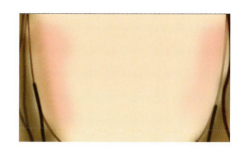

(29)新建图层并命名为"腮红",设置前景色为 R247、G193、B190,激活画笔工具,通过调整其不透明度和流量,采用手绘手段,绘制如图 5-211 所示的"腮红"效果。头部的整体表现如图 5-144 所示。

图 5-211

### 5.2.2 鞋的表现

Photoshop 可以用来绘制一些质感较强的服饰配件,如图 5-212 所示的女式高跟鞋正是利用 Photoshop 软件强大的图像处理功能绘制的。

操作步骤如下:

(1)新建文档,其参数设置如图 5-213 所示。

图 5-212

图 5-213

(2)新建图层并命名为"右鞋后跟部分",激活钢笔路径工具,绘制如图 5-214 所示的曲线路径,单击鼠标右键,将路径转换为选区,并填充颜色(R243、G85、B22),效果如图 5-215 所示。

(3)激活加深和减淡工具,设置如图 5-216 所示的参数,在鞋的后面部分加深或减淡颜色,使鞋子具有立体感,效果如图 5-217 所示。

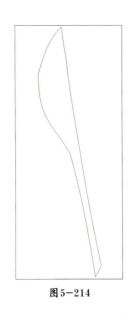
图5-214

图5-215

图5-217

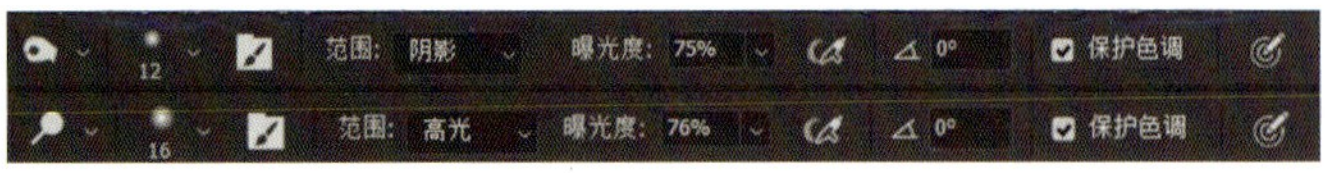

图5-216

（4）新建图层并命名为"右鞋头"，激活钢笔路径工具，绘制如图5-218所示的曲线路径，单击鼠标右键，将路径转换为选区，并为其填充颜色（R243、G85、B22），效果如图5-219所示。继续新建图层并命名为"右鞋头亮部"，绘制如图5-220所示曲线路径，单击鼠标右键，将路径转换为选区；激活渐变填充工具，设置如图5-221所示的渐变色并填充；激活涂抹和模糊工具调整局部边缘，效果如图5-222所示。

图5-218

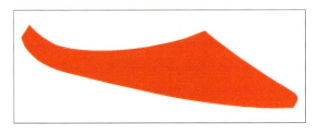
图5-219

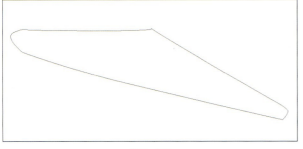
图5-220

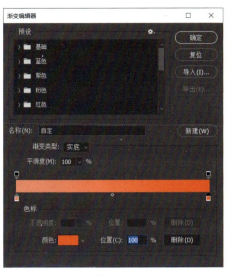
图5-221

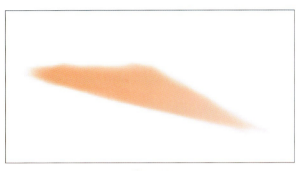
图5-222

（5）新建图层并命名为"右鞋带"，使用钢笔路径工具绘制如图5-223所示曲线路径，单击鼠标右键，将路径转换为选区，激活渐变填充工具，设置如图5-224所示的渐变色并填充，单击"确定"按钮，效果如图5-225所示。

图5-223

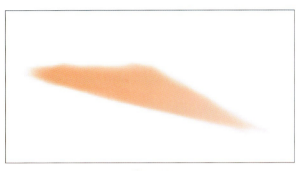
图5-224

图5-225

（6）新建图层并命名为"右后跟一部分"，使用钢笔路径工具绘制如图5-226所示的曲线路径，单击鼠标右键，将路径转换为选区并为其填充颜色（R243、G85、B22），效果如图5-227所示；继续新建图层并命名为"右后跟另一部分"，绘制如图5-228所示的路径并为其填充颜色（R217、G75、B18），调整两个图层的位置，效果如图5-229所示。

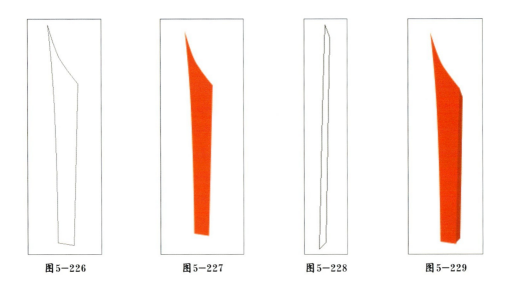

图5-226　　　　图5-227　　　　图5-228　　　　图5-229

（7）新建图层并命名为"右鞋底"，激活钢笔路径工具，绘制如图5-230所示的曲线路径，单击鼠标右键，将路径转换为选区，激活渐变填充工具，设置如图5-231所示的渐变色并填充，单击"确定"按钮，效果如图5-232所示。

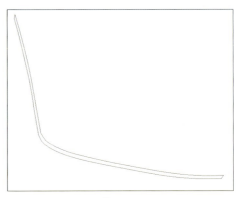

图5-230

图5-231

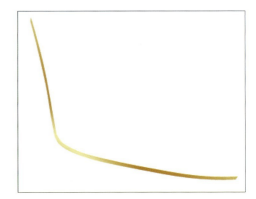

图5-232

（8）新建图层并命名为"右脚形"，激活钢笔路径工具，使用同样的方法绘制曲线路径，单击鼠标右键，将路径转换为选区，并为其填充颜色（R254、G224、B214）；执行"编辑"/"描边"命令，设置描边颜色为R109、G103、B98，描边宽度为2像素，效果如图5-233所示。

(9) 新建图层并命名为"右脚加深部分",设置前景色为 R211、G176、B154,激活画笔工具(图 5-234),有层次地加深暗部(在加深时可通过设置选区,保证加深部分不能超出脚型轮廓)。鞋与脚的组合效果如图 5-235 所示。此时"图层"面板的设置如图 5-236 所示。

图 5-233　　　　图 5-234　　　　图 5-235　　　　图 5-236

(10) 新建图层并命名为"左鞋形",使用钢笔路径工具绘制如图 5-237 所示的曲线路径,单击鼠标右键,将路径转换为选区,并为其填充颜色(R243、G85、B22),效果如图 5-238 所示。

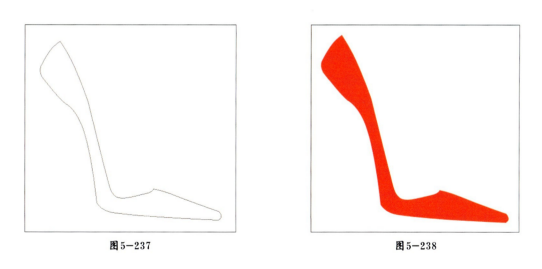

图 5-237　　　　　　　　图 5-238

(11) 激活加深和减淡工具,设置如图 5-239 所示的参数,在鞋后端的部分加深或减淡颜色,形成立体感;复制"右鞋头亮部"图层,命名为"左鞋头亮部"图层;执行"编辑"/"自由变换"命令,调整角度,使鞋子具有立体感,效果如图 5-240 所示。

(12) 新建图层并命名为"左鞋带",其绘制方法同"右鞋带"一致,绘制如图 5-241 所示的曲线路径,填充同样的渐变色,效果如图 5-242 所示。

(13) 新建图层并命名为"左后跟部分",其绘制方法同"右后跟部分"一致,绘制曲线路径,填充颜色 R243、G85、B22,效果如图 5-243 所示。

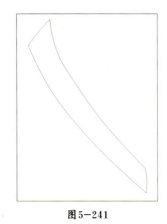

图5-240　　　　　　图5-241　　　　　　图5-242　　　　　　图5-243

（14）新建图层并命名为"左鞋底"，其绘制方法同"右鞋底"一致，绘制如图5-244所示的曲线路径，填充同样的渐变色，效果如图5-245所示。

（15）新建图层并命名为"左脚"，其绘制方法同"右脚"一致，绘制如图5-246所示的曲线路径，设置填充颜色为R254、G224、B214，设置描边颜色为R109、G103、B98，描边宽度为2像素，设置前景色为R211、G176、B154，加深暗部，效果如图5-247所示。鞋与脚的组合效果如图5-248所示。"图层"面板设置如图5-249所示。左右脚组合效果如图5-212所示。

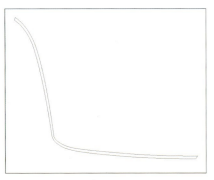
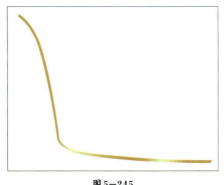

图5-244　　　　　　　　　　图5-245　　　　　　　　　　图5-246

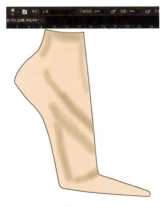

图5-247　　　　　　　　图5-248　　　　　　　　图5-249

## 课后练习

1. 用两款软件分别绘制一个人物头部。
2. 分别绘制一双鞋和一只手提包,为完整效果图的表现做准备。
3. 临摹图 5-129 系列服装背景图。

# 第六章　完整的服装效果图

Photoshop/CorelDRAW 两款软件对于效果图有着不同的表现形式，要充分发挥软件各自的优势，方能绘制出品质最佳的效果图。

## 6.1 使用 Photoshop 设计完整的服装效果图

Photoshop 软件的优势是图形图像处理。利用 Photoshop 软件绘制完整的服装效果图时，要充分发挥该软件的图层优势。通常情况下，采用 Photoshop 软件绘制完整的服装效果图有两种方式：一种是先将手绘效果图拍成照片后导入软件中，再利用软件图像处理的优势，完成效果图的创作；另一种是直接利用软件的各种工具和命令，完成自由创作的效果图。由于第二种方式相对第一种方式更加自由，因此本章节主要讲述 Photoshop 自由创作的效果图，如图 6-1 所示（作者：项良雨）。

图 6-1

操作步骤如下：

（1）新建文档，其参数设置如图 6-2 所示。

（2）新建图层并命名为"上衣"，激活钢笔路径工具，绘制上衣的部分曲线路径，效果如图 6-3 所示；单击鼠标右键，将路径转化为选区，并为其填充颜色（R255、G114、B167），效果如图 6-4 所示。

（3）复制"上衣"图层并命名为"上衣 拷贝"，按住 Ctrl 键，单击该图层的缩略图载入选区，按 Delete 键删除选区；执行"编辑"/"描边"命令，在弹出的对话框中设置如图 6-5 所示的参数，其中的描边颜色为 R76、G76、B76，单击"确定"按钮，效果如图 6-6 所示。

（4）为增加创作效果的真实性，需要对其做简单的处理。以"上衣"图层作为当前图层，执行"编辑"/"自由变换"命令，调整其角度与大小，效果如图 6-7 所示；执行"滤镜"/"模糊"/"高斯模糊"命令，在弹出的对话框中设置如图 6-8 所示的参数，单击"确定"按钮，效果如图 6-9 所示。

【图 6-2 至图 6-9】

(5) 新建图层并命名为"上衣右袖",使用钢笔路径工具绘制如图 6-10 所示的曲线路径,单击鼠标右键,将路径转为选区,并为其填充颜色(R181、G176、B170),效果如图 6-11 所示。

(6) 复制"上衣"图层并命名为"上衣右袖 拷贝",同步骤(3)一样执行"描边"命令,设置描边颜色为 R76、G76、B76,效果如图 6-12 所示;同步骤(4)一样,调整其角度与大小,效果如图 6-13 所示;执行"滤镜"/"模糊"/"高斯模糊"命令,在弹出的对话框中设置如图 6-14 所示的参数,单击"确定"按钮,效果如图 6-15 所示。

(7) 新建图层并命名为"上衣左袖",使用钢笔路径工具绘制如图 6-16 所示的曲线路径,用同样方法为其填充颜色(R255、G114、B167),效果如图 6-17 所示。

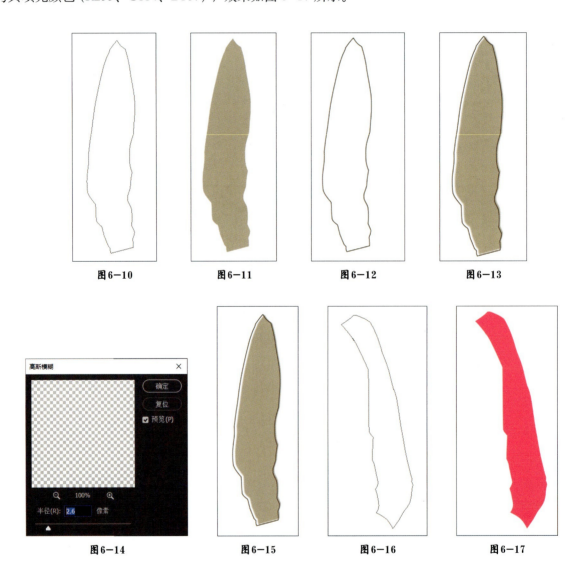

图6-10　　　图6-11　　　图6-12　　　图6-13

图6-14　　　图6-15　　　图6-16　　　图6-17

(8) 复制"上衣左袖"图层并命名为"上衣左袖 拷贝",同步骤(3)一样执行"描边"命令,设置描边颜色为 R76、G76、B76,效果如图 6-18 所示;同步骤(4)一样,调整其角度与大小,效果如图 6-19 所示;执行"滤镜"/"模糊"/"高斯模糊"命令,设置如图 6-20 所示的参数,单击"确定"按钮,效果如图 6-21 所示。

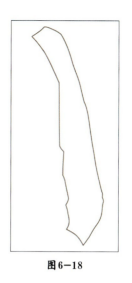   

图6-18　　　　　图6-19　　　　　图6-20　　　　　图6-21

（9）新建图层并命名为"衣领"，使用钢笔路径工具绘制如图6-22所示的曲线路径，使用同样的方法为其填充颜色（R181、G176、B170），效果如图6-23所示。

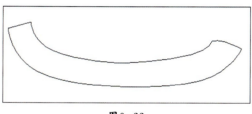 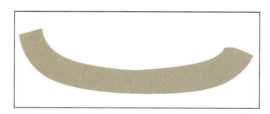

图6-22　　　　　　　　　　　　　图6-23

（10）复制"衣领"图层并命名为"衣领拷贝"，同步骤（3）一样，执行"描边"命令，设置描边颜色为R76、G76、B76，效果如图6-24所示；同步骤（4）一样，调整其角度与大小，效果如图6-25所示；执行"滤镜"/"模糊"/"高斯模糊"命令，在弹出的对话框中设置如图6-26所示的参数，单击"确定"按钮，效果如图6-27所示。

图6-26

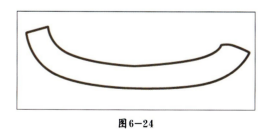

图6-24

图6-25　　　　　　　　　　　　　图6-27

（11）新建图层并命名为"上衣的红色装饰条"，使用钢笔路径工具绘制如图 6-28 所示的曲线路径；单击鼠标右键，在弹出的下拉菜单中选择"填充路径"选项，将填充颜色设置为 R215、G32、B80，效果如图 6-29 所示。

（12）新建图层并命名为"上衣的蓝色装饰条"，使用同样的方法绘制如图 6-30 所示的曲线路径，单击鼠标右键，在弹出的下拉菜单中选择"填充路径"，将填充颜色设置为 R89、G88、B166，效果如图 6-31 所示。

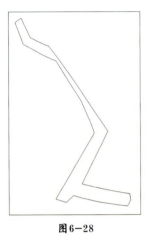 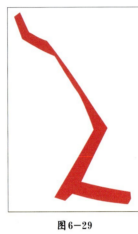 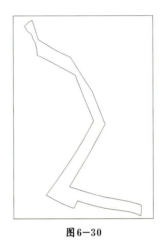 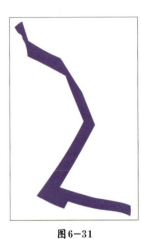

图 6-28　　　　　图 6-29　　　　　图 6-30　　　　　图 6-31

（13）新建图层并命名为"上衣的橘色装饰条"，使用同样的方法绘制如图 6-32 所示的曲线路径，填充路径，将填充颜色设置为 R239、G96、B0，效果如图 6-33 所示。

（14）新建图层并命名为"上衣的灰色装饰条"，使用同样的方法绘制如图 6-34 所示的曲线路径，单击鼠标右键，在弹出的下拉菜单中选择"填充路径"，将填充颜色设置为 R185、G185、B177，效果如图 6-35 所示。

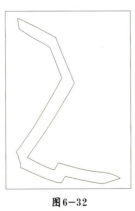 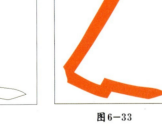 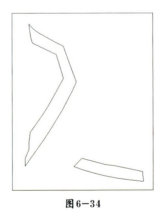 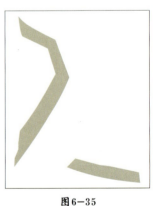

图 6-32　　　　　图 6-33　　　　　图 6-34　　　　　图 6-35

（15）新建图层并命名为"上衣的玫瑰红色装饰条"，使用同样的方法绘制如图 6-36 所示的曲线路径，单击鼠标右键，在弹出的下拉菜单中选择"填充路径"，将填充颜色设置为 R247、G14、B145，效果如图 6-37 所示。

（16）新建图层并命名为"上衣的下摆蓝色装饰条"，使用同样的方法绘制如图6-38所示的曲线路径，单击鼠标右键，在弹出的下拉菜单中选择"填充路径"，将填充颜色设置为R124、G87、B159，效果如图6-39所示。同步骤（4）一样，调整其角度与大小，设置如图6-40所示的"高斯模糊"参数，单击"确定"按钮，效果如图6-41所示。

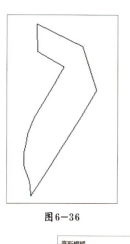

图6-36 　　　　图6-37

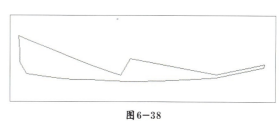

图6-38

图6-39

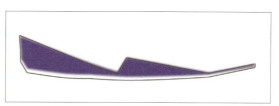

图6-41

图6-40

（17）此时将所有的图层都设置为可视状态，上衣效果如图6-42所示。仔细调整图层的顺序（图6-43），此时的上衣效果如图6-44所示。

图6-42

图6-43

图6-44

（18）新建图层并命名为"右袖暗部"，使用同样的方法绘制曲线路径并填充路径，将填充颜色设置为 R154、G153、B153，效果如图 6-45 所示。调整图层的不透明度为 60%，效果如图 6-46 所示。右袖暗部与右袖组合效果如图 6-47 所示。

（19）新建图层并命名为"上衣左袖的暗部"。使用同样的方法绘制如图 6-48 所示的曲线路径，单击鼠标右键，在弹出的下拉菜单中选择"填充路径"，将填充颜色分别设置为 R175、G175、B175 和 R208、G43、B73，效果如图 6-49 所示；设置如图 6-50 所示的"高斯模糊"参数，单击"确定"按钮。调整该图层的不透明度为 40%，效果如图 6-51 所示。此时右袖、上衣、左袖暗部组合效果如图 6-52 所示。

图 6-45

图 6-46

图 6-47

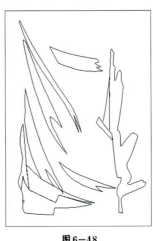
图 6-48

图 6-49

图 6-50

图 6-51

图 6-52

（20）新建图层并命名为"上衣褶线"，使用同样的方法绘制上衣褶线的每条曲线路径，效果如图 6-53 所示。同步骤（3）一样，执行"描边"命令，将描边颜色设置为 R176、G176、B176，效果如图 6-54 所示。衣褶和衣身的效果如图 6-55 所示。

（21）新建图层并命名为"右裤腿"，使用同样的方法绘制如图 6-56 所示的曲线路径，将路径填充为白色；复制"右裤腿"图层并命名为"右裤腿副本"，同步骤（3）一样，执行"描边"命令，设置描边颜色为 R176、G176、B176，描边宽度为 3 像素，效果如图 6-57 所示。

图6-53　　　　　　　　图6-54　　　　　　　　图6-55

（22）新建图层并命名为"右裤腿的蓝色分割色"，使用同样的方法绘制如图6-58所示的路径，单击鼠标右键，在弹出的下拉菜单中选择"填充路径"，将填充颜色设置为R89、G88、B166，效果如图6-59所示；同步骤（4）一样，调整角度与大小，右裤腿的效果如图6-60所示；执行"滤镜"/"模糊"/"高斯模糊"命令，其参数设置如图6-61所示，单击"确定"按钮，效果如图6-62所示。

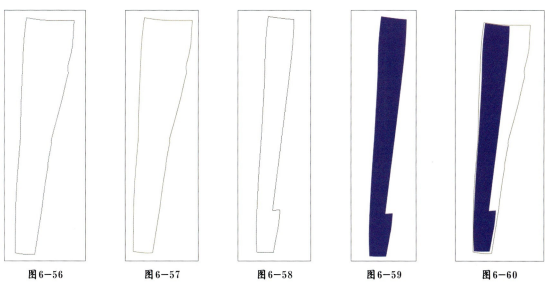

图6-56　　　　图6-57　　　　图6-58　　　　图6-59　　　　图6-60

（23）新建图层并命名为"左裤腿"，使用钢笔路径工具绘制左裤腿的曲线路径，如图6-63所示。将路径转换为选区并填充白色。复制"左裤腿"图层并命名为"左裤腿副本"，同步骤（3）一样，执行"描边"命令，设置描边颜色为R176、G176、B176，描边宽度为3像素，效果如图6-64所示。

图6-61　　　　　　图6-62

(24)新建图层并命名为"左裤腿的蓝色分割色",使用同样的方法绘制如图6-65所示的路径,单击鼠标右键,在弹出的下拉菜单中选择"填充路径",将填充颜色设置为R89、G88、B166,效果如图6-66所示。

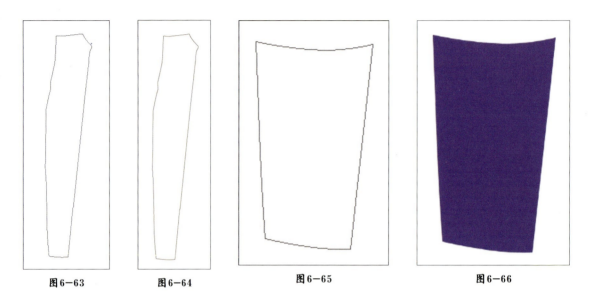

图6-63　　　　图6-64　　　　图6-65　　　　图6-66

(25)执行"滤镜"/"模糊"/"高斯模糊"命令,在弹出的对话框中设置如图6-67所示的参数,单击"确定"按钮,效果如图6-68所示。左右裤腿的组合效果如图6-69所示。

(26)新建图层并命名为"右裤腿蓝色部分暗部",使用同样的方法绘制如图6-70所示右裤腿蓝色部分的暗部曲线路径,单击鼠标右键,在弹出的下拉菜单中选择"填充路径",将填充颜色设置为R42、G47、B128,将图层的不透明度设置为80%,效果如图6-71所示。

(27)复制该图层并命名为"右裤腿蓝色部分暗部副本",按住Ctrl键单击该图层缩略图载入选区,填充颜色(R22、G27、B82),设置如图6-67所示的高斯模糊参数,调整角度与大小,效果如图6-72所示。

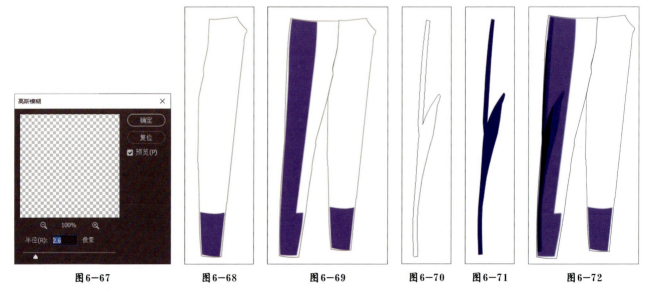

图6-67　　　　图6-68　　　　图6-69　　　　图6-70　　　　图6-71　　　　图6-72

（28）新建图层并命名为"左裤腿的蓝色分割色暗部"，绘制如图6-73所示的路径，单击鼠标右键，在弹出的下拉菜单中选择"填充路径"，将填充颜色设置为R42、G47、B128，效果如图6-74所示。

（29）执行"滤镜"/"模糊"/"高斯模糊"命令，在弹出的对话框中设置如图6-75所示的参数，单击"确定"按钮；将图层的不透明度设置为80%，左右裤腿效果如图6-76所示。

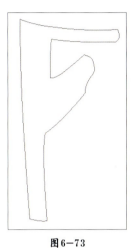

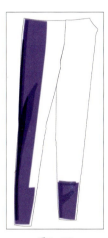

图6-73　　　　　　图6-74　　　　　　图6-75　　　　　　图6-76

（30）新建图层并命名为"白色裤腿暗部"，使用钢笔路径工具绘制如图6-77所示的曲线路径，单击鼠标右键，在弹出的下拉菜单中选择"填充路径"，将填充颜色设置为R190、G190、B191，效果如图6-78所示；将图层的不透明度设置为60%，效果如图6-79所示；设置如图6-80所示的高斯模糊参数，单击"确定"按钮，效果如图6-81所示；此时左右裤腿的效果如图6-82所示。

（31）新建图层并命名为"裤子的褶线"，使用钢笔路径工具绘制如图6-83所示裤子的褶线，单击鼠标右键，执行"描边路径"命令，设置毛笔直径为3像素，颜色设置为R176、G176、B176，裤子的完整效果如图6-84所示。

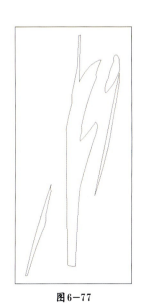

图6-77　　　　　　图6-78　　　　　　图6-79　　　　　　图6-80

图6-81

图6-82

图6-83

图6-84

（32）打开前面制作的鞋子、包、手效果图，将它们复制到合适的位置。注意，由于鞋子、包、手都带有白色背景，需要先擦除白色背景，再调整角度。调整图层的先后顺序后，鞋子的效果如图6-85所示；"图层"面板的设置如图6-86所示；手、包的效果及"图层"面板设置如图6-87所示。

图6-85

图6-86

图6-87

图6-88

（33）利用Photoshop软件绘制服装效果图时，为了节约时间，往往会选择截取某个头像直接运用到效果图中。打开素材图像，利用套索工具，选择所需的局部头部，将其复制至文件中，命名为"头"，效果如图6-88所示。

（34）继续对头发的颜色进行处理，头顶部分加深红色，发梢部分加深黄色。利用魔术棒或路径工具分别框选头顶与发梢部分（图6-89），执行"图像"/"调整"/"变化"命令，在弹出的对话框中调整头发颜色（图6-90、图6-91），单击"确定"按钮，头部效果如图6-92所示，整体效果图如图6-1所示。

图6-89　　　　　　　　　　　　图6-90

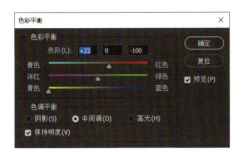

图6-91　　　　　　　　　　　　图6-92

## 6.2　使用CorelDRAW设计完整的服装效果图

CorelDRAW软件的优势是利用造型工具自由绘制矢量图形，这在某种程度上契合了手绘服装效果图的功能，较Photoshop具有更大的自由度。本节将主要讲述利用CorelDRAW自由创作的服装效果图。下面将对图6-93所示的服装效果图进行讲解。

操作步骤如下：

（1）新建文档，其参数设置如图6-94所示。

图6-93　　　　　　　　　　　　图6-94

图6-95

（2）绘制上衣的动态形状。使用贝塞尔工具绘制上衣部分的路径，在绘制过程中可通过形状工具调整节点，使曲线自然流畅，填充80%黑色，将轮廓线宽度设置为0.5mm，效果如图6-95所示。

（3）绘制右袖的动态形状。激活贝塞尔工具，使用同样的方法绘制右袖部分的路径，填充80%黑色，将轮廓线宽度设置为0.5mm，效果如图6-96所示；右袖和衣片的效果如图6-97所示。

（4）绘制左袖的动态形状。激活贝塞尔工具，使用同样的方法绘制上衣左袖部分的路径，填充80%黑色，将轮廓线宽度设置为0.5mm，效果如图6-98所示；左袖和衣片的效果如图6-99所示。

图6-96　　　　　图6-97　　　　　图6-98　　　　　图6-99

（5）绘制下装的动态形状。激活贝塞尔工具，使用同样的方法绘制下装部分的路径，填充80%黑色，将轮廓线宽度设置为0.5mm，效果如图6-100所示；上衣和下装的动态效果如图6-101所示。

（6）绘制上衣的白色印花形状。激活贝塞尔工具，使用同样的方法绘制印花部分的路径，填充白色。为了表现效果，轮廓线宽度暂时设置为"极细线"，效果如图6-102所示；在将印花与服装结合时，去掉前两个图形的轮廓线，白色印花在服装上的动态效果如图6-103所示。

  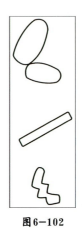 

图6-100　　　　　图6-101　　　　　图6-102　　　　　图6-103

（7）打开第四章中设计的如图6-104所示的图案，选中该图案，执行"位图"/"转换为位图"命令，在弹出的对话框中设置如图6-105所示的参数，单击"确定"按钮。

（8）激活刻刀工具，对位图形状的图案进行分割，根据设计需要将其分割为如图6-106所示的形状；复制多个图形，在服装上进行排列，其最终在衣服上呈现的效果如图6-107所示。

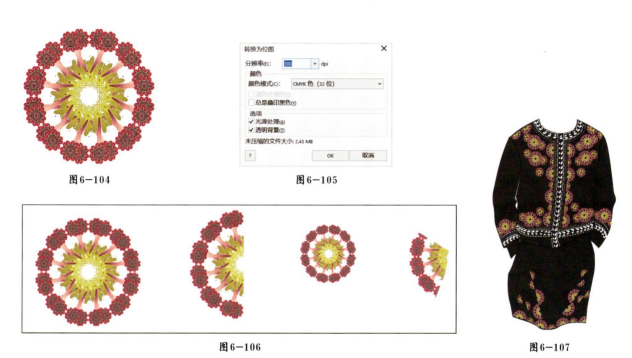

图6-104　　　　　　图6-105　　　　　　　　　　　　　　　　　

图6-106　　　　　　　　　　图6-107

（9）绘制右袖的螺纹口。使用贝塞尔工具绘制如图6-108所示的两条线，线宽为0.2mm；激活交互式调和工具，按住鼠标左键从一条线拖至另一条线，改变属性栏的参数，交互效果如图6-109所示。

（10）执行"排列"/"拆分调和群组"和"取消群组"命令，激活形状工具，局部调整节点，效果如图6-110所示（具体步骤不再赘述）。

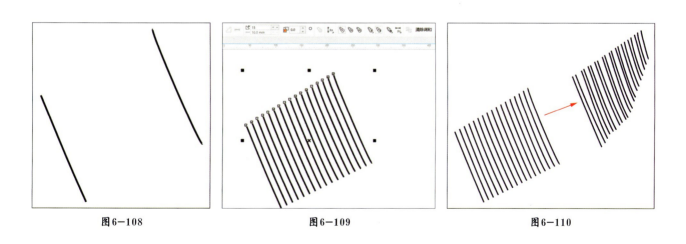

图6-108　　　　　　图6-109　　　　　　图6-110

（11）绘制左袖口螺纹口。使用交互式调和工具绘制如图 6-111 所示的两条线，线宽为 0.2mm；使用同样的方法做交互调和处理，效果如图 6-112 所示；激活形状工具，调整节点，效果如图 6-113 所示。

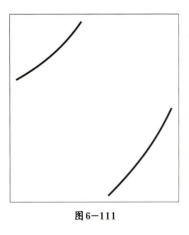 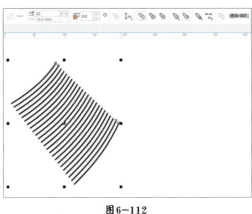 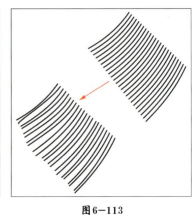

图 6-111　　　　　　　　　图 6-112　　　　　　　　　图 6-113

（12）绘制下摆右螺纹口。使用同样的方法绘制如图 6-114 所示的两条线，线宽为 0.2mm；交互调和处理效果如图 6-115 所示；调整节点，效果如图 6-116 所示。

 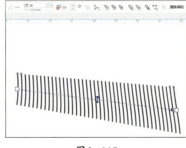 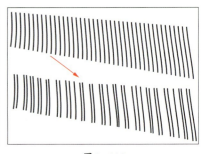

图 6-114　　　　　　　　　图 6-115　　　　　　　　　图 6-116

图 6-117

（13）绘制下摆左螺纹口。使用同样的方法绘制如图 6-117 所示的两条线，线宽为 0.2mm；交互调和处理效果如图 6-118 所示；调整节点，效果如图 6-119 所示；螺纹整体完成效果如图 6-120 所示。

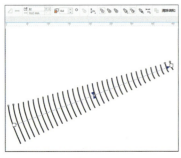 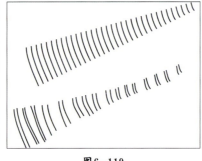 

图 6-118　　　　　　　　　图 6-119　　　　　　　　　图 6-120

（14）绘制右袖衣纹。激活贝塞尔工具、形状工具，绘制衣纹的轮廓，设置轮廓线为"无"；激活渐变填充工具，分别填充每个衣纹，将渐变色设置为100%～80%的黑色，其他具体参数设置如图6-121至图6-131所示，右袖衣纹效果如图6-132所示。

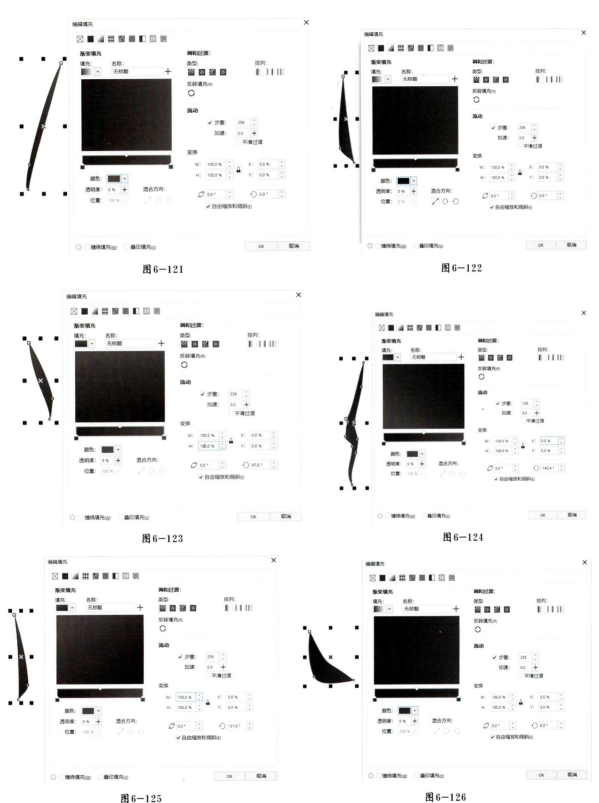

图6-121　　　　　　　　　　　　　　图6-122

图6-123　　　　　　　　　　　　　　图6-124

图6-125　　　　　　　　　　　　　　图6-126

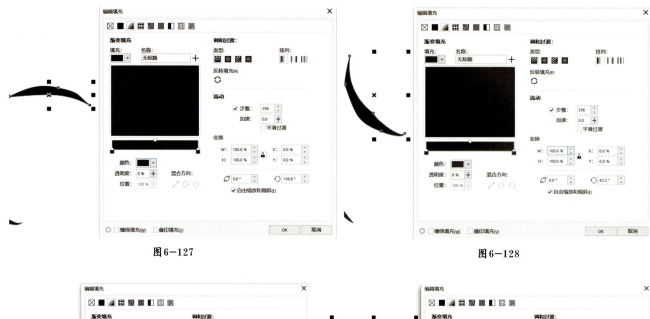

图 6-127　　　　　　　　　　　　　图 6-128

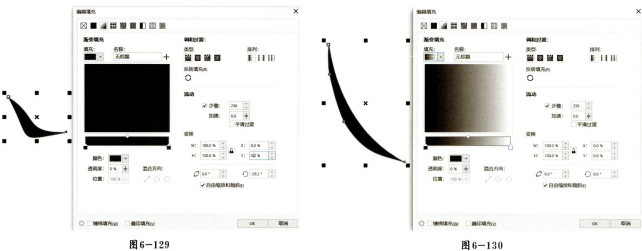

图 6-129　　　　　　　　　　　　　图 6-130

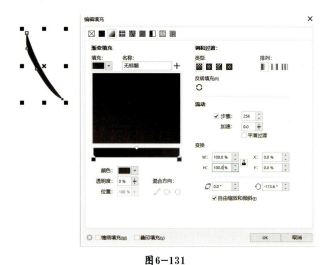  

图 6-131　　　　　　　图 6-132　　　　　【图 6-133 至图 6-138】

（15）绘制衣身部分衣纹。使用同样的方法绘制衣身部分衣纹的轮廓。激活渐变填充工具，其参数设置如图 6-133 至图 6-139 所示，衣纹效果如图 6-140 所示。

图6-139

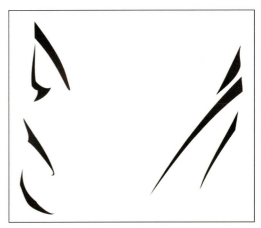

图6-140

（16）绘制上衣左袖衣纹。使用同样的方法绘制左袖衣纹的轮廓，激活渐变填充工具，其参数设置如图6-141至图6-149所示，左袖衣纹效果如图6-150所示。

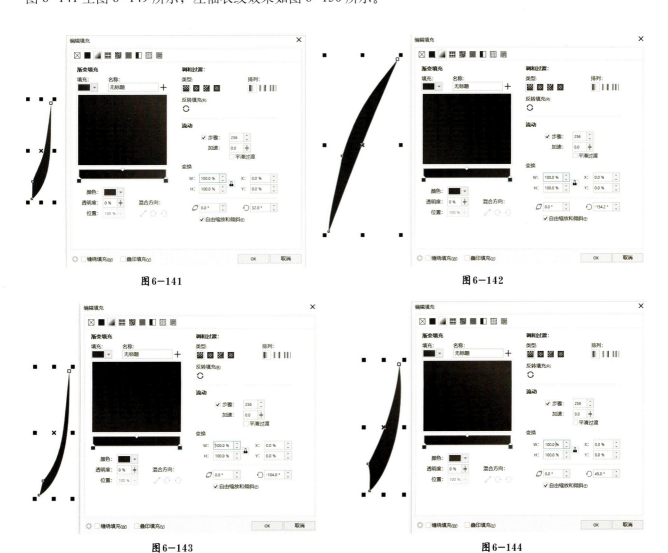

图6-141　　　　　　　　　　　　　　图6-142

图6-143　　　　　　　　　　　　　　图6-144

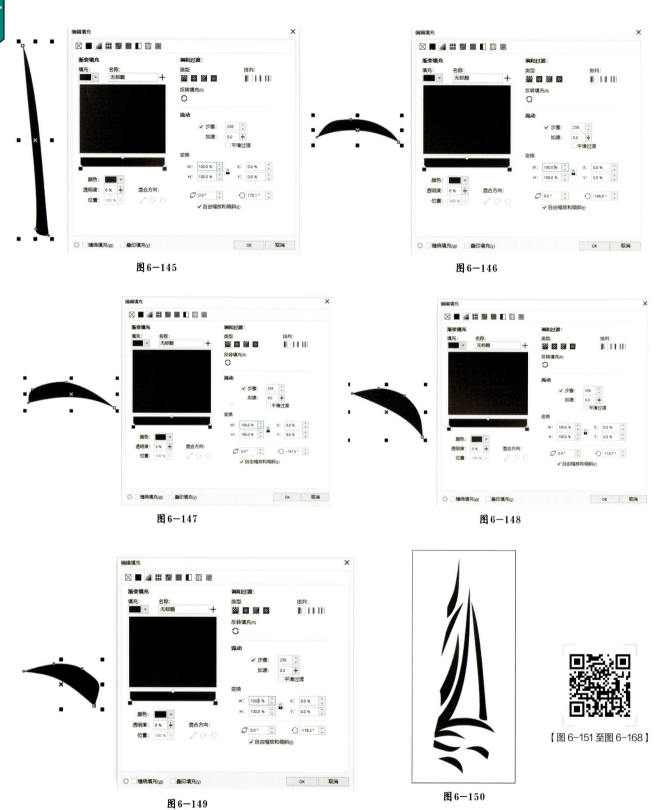

图6-145　　　　　　　　　　　图6-146

图6-147　　　　　　　　　　　图6-148

图6-149　　　　　　　　　　　图6-150

【图6-151至图6-168】

（17）绘制裤装衣纹。使用同样的方法绘制裤装衣纹的轮廓，激活渐变填充工具，其参数设置如图6-151至图6-168所示；其余部分的衣纹如图6-169所示；直接填充90%的黑色，裤装衣纹效果如图6-170所示，此时服装整体效果如图6-171所示。

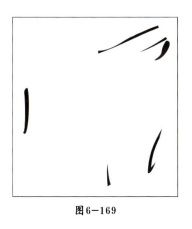
图6-169

图6-170

图6-171

（18）绘制手腕皮肤。激活贝塞尔工具绘制右手腕皮肤的轮廓并填充颜色（C25、M30、Y34、K0），效果如图6-172所示；再绘制阴影部分的轮廓，设置轮廓线为"无"，填充渐变色，其参数设置如图6-173所示；使用同样的方法绘制左手腕皮肤的轮廓，渐变色设置为C0、M20、Y20、K40至C0、M0、Y20、K40，其他参数设置如图6-174所示，此时整体完成效果如图6-175所示。

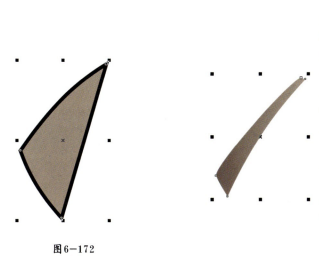

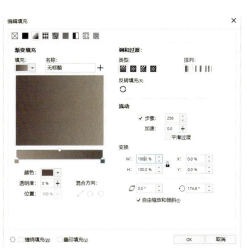

图6-172　　　　　　　　　　　　　图6-173

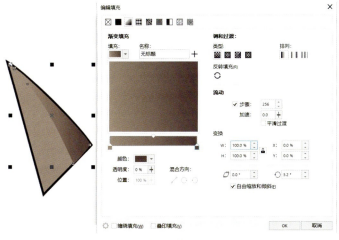

图6-174　　　　　　　　　　　　　图6-175

（19）绘制紧身袜子部分。使用贝塞尔工具、形状工具，绘制紧身袜轮廓并填充 80% 的黑色，效果如图 6-176 所示。

（20）绘制紧身袜螺纹部分。激活贝塞尔工具，如图 6-177 所示绘制右裤腿的两条线；激活交互式调和工具，做两条线之间的交互式调和处理，效果如图 6-178 所示。

图 6-176

图 6-177

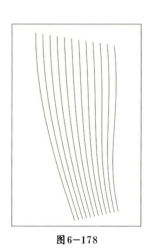
图 6-178

（21）激活形状工具，调整节点后效果如图 6-179 所示。使用同样的方法绘制左裤腿的两条线，如图 6-180 所示；激活交互式调和工具，做两条线之间的交互式调和处理，效果如图 6-181 所示；调整节点后效果如图 6-182 所示。

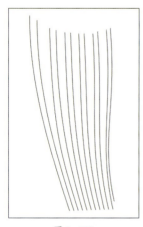
图 6-179

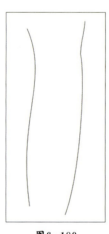
图 6-180

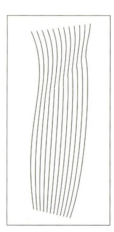
图 6-181

图 6-182

【图 6-183 至图 6-188】

（22）绘制右裤袜暗部。使用贝塞尔工具、形状工具绘制暗部轮廓，设置轮廓线为"无"，激活渐变填充工具，其参数设置如图 6-183 至图 6-189 所示，调整各自位置后，激活交互式透明工具，其参数设置如图 6-190 所示。

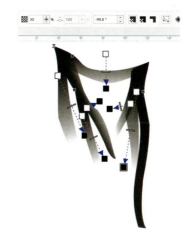

图6-189　　　　　　　　　　　　图6-190

（23）绘制左裤袜暗部。使用贝塞尔工具、形状工具绘制暗部轮廓，设置轮廓线为"无"，激活渐变填充工具，其参数设置如图6-191至图6-195所示；调整各自位置后激活交互式透明工具，其参数设置如图6-196所示。紧身袜整体效果如图6-197所示。

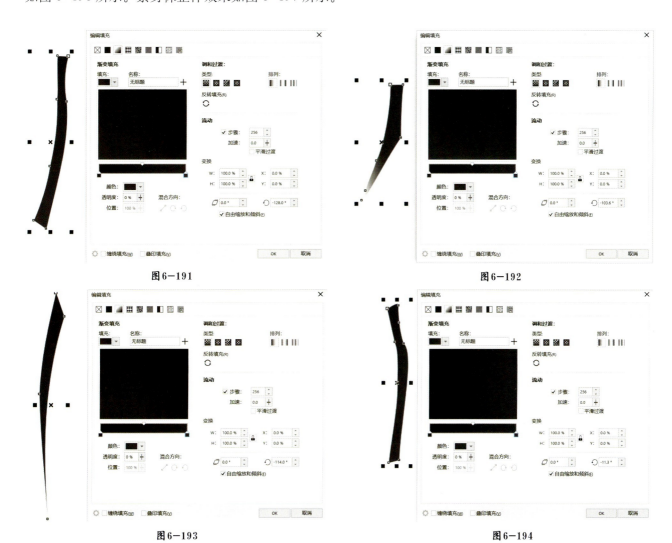

图6-191　　　　　　　　　　　　图6-192

图6-193　　　　　　　　　　　　图6-194

图 6-195　　　　　　　　　　图 6-196　　　　　　　　　图 6-197

（24）头部和鞋子。导入头部、鞋子图片，激活形状工具，调整节点，使轮廓线紧贴人物和鞋子的外轮廓，如图 6-198 和图 6-199 所示；调整头部和鞋子与人物的前后关系，此时整体效果如图 6-200 所示。

图 6-198　　　　　　　　　　图 6-199　　　　　　　　　图 6-200

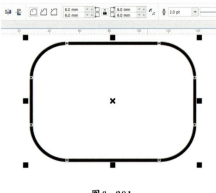 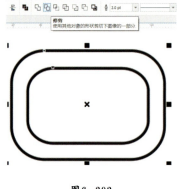

（25）绘制文艺范眼镜框。使用矩形工具绘制如图 6-201 所示的圆角矩形，复制该圆角矩形并缩小（图 6-202），同时选择两个图形并单击属性栏上的"修剪"按钮，将修剪完的

图 6-201　　　　　　　　图 6-202

图形调整角度,激活渐变填充工具,设置如图 6-203 所示的相关参数并填充。

(26)绘制眼镜腿。激活贝塞尔工具,绘制眼镜腿的轮廓并填充渐变色,效果如图 6-204 所示;右半部分眼镜的效果如图 6-205 所示。复制右半部分眼镜,单击属性栏上的"镜像翻转"按钮,调整位置,效果如图 6-206 所示。

(27)绘制眼镜鼻架。使用贝塞尔工具绘制眼镜鼻架,填充渐变色,效果如图 6-207 所示;整体眼镜架的效果如图 6-208 所示,最终服装效果图如图 6-93 所示。

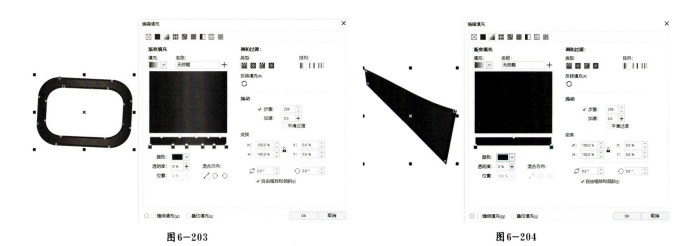

图 6-203　　　　　　　　　　　　　　　图 6-204

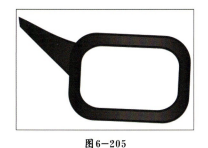

图 6-205　　　　　　　　　　　　　　　图 6-206

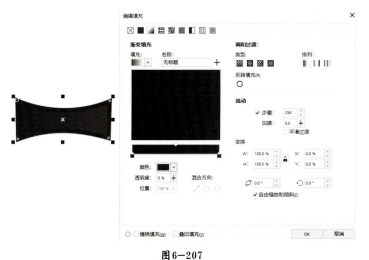

图 6-207　　　　　　　　　　　　　　　图 6-208

## 课后练习

1. 选取一张品牌时装发布会图片,分别用 Photoshop/CorelDRAW 两款软件将其复原成服装效果图,采用对比手法完成效果图。

2. 临摹图 6-1 所示右边的系列服装效果图。

# 第七章 不同风格服装画的设计

　　服装画广泛用于服饰设计中，它让服装本身以及着装模特更具设计感，更能反映服装的风格与特征。优秀的服装画设计师能够娴熟地运用丰富的艺术表现手法把服装所具有的设计理念准确地表达出来，因此服装画越来越得到业内人士的重视，且形式日益增多、风格迥异。不同风格的服装画对应不同的服装面料、图案、颜色以及配饰等，当服装画的风格与成品服装的风格相协调时，便可达到满意的艺术效果。

## 7.1　写实风格的服装画

写实风格服装画的主要特点是人物动态、比例接近于正常人，不过分夸张人体比例，从服装到肤色、头部、配饰部分的刻画都比较细致。图 7-1 所示为利用 CorelDRAW 软件绘制的写实风格服装画。利用 CorelDRAW 软件绘制效果图时，要绘制完美的路径轮廓，将衣纹处理得准确到位，使其能够流畅地表现服装衣纹的走向及图案的走向，准确地表现服装的整体穿着效果。

操作步骤如下：

（1）新建文档，其参数设置如图 7-2 所示。

图 7-1

图 7-2

（2）绘制前右衣片。执行"文件"/"导入"命令，在弹出的对话框中选择第三章中设计的爱心四方连续图案，将其调整至合适大小，分别使用贝塞尔工具和形状工具，绘制如图 7-3 所示的前右衣片路径，设置轮廓笔颜色为黑色，宽度为 0.5mm。

（3）执行"效果"/"图框精确裁剪"/"放置在容器中"命令，将图案置于前右衣片路径轮廓中，效果如图 7-4 所示。

（4）绘制前左衣片。使用同样的方法导入爱心四方连续图案，绘制如图 7-5 所示的前左衣片路径，执行"放置在容器中"命令，效果如图 7-6 所示。

（5）绘制前右衣肩片。使用同样的方法导入爱心四方连续图案，调整至合适大小并将其放在适当的位置，使用贝塞尔工具和形状工具，绘制如图 7-7 所示的前右衣肩片路径，设置轮廓笔颜色为黑色，宽度为 0.5mm，执行"放置在容器中"命令，效果如图 7-8 所示。

(6) 绘制前左衣肩片。方法同绘制前右衣肩片一样,其过程及效果如图7-9和图7-10所示。

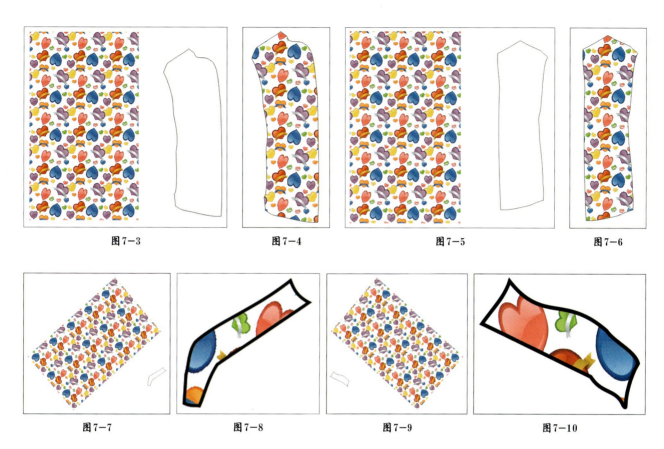

图7-3　　　　　　　图7-4　　　　　　　图7-5　　　　　　　图7-6

图7-7　　　　　　　图7-8　　　　　　　图7-9　　　　　　　图7-10

(7) 绘制前右袖、前左袖。使用同样的方法导入爱心四方连续图案,绘制前右袖、前左袖的路径,其过程及效果如图7-11至图7-14所示。此时的整体效果如图7-15所示。

(8) 绘制前右领、前左领。使用同样的方法导入爱心四方连续图案,双击该图案,旋转其角度,将其调整至合适大小,使用贝塞尔工具和形状工具绘制前右领、前左领的路径,设置轮廓笔颜色为黑色,宽度为0.5mm,执行"放置在容器中"命令,其过程及效果如图7-16至图7-19所示。

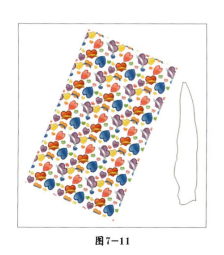  

图7-11　　　　　　　　　　图7-12　　　　　　　　　　图7-13

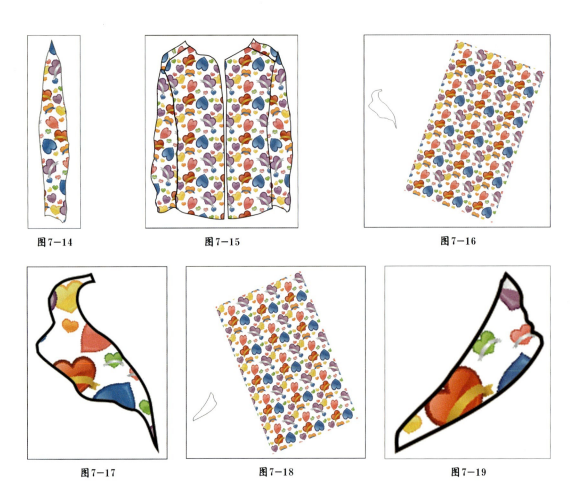

| 图7-14 | 图7-15 | 图7-16 |
| 图7-17 | 图7-18 | 图7-19 |

（9）绘制后领。使用同样的方法导入爱心四方连续图案，同步骤（8）一样，调整其角度与大小并绘制后领的路径，执行"放置在容器中"命令，将图案置于后领路径，其过程及效果如图7-20和图7-21所示。

（10）绘制袖口、下摆罗纹。使用贝塞尔工具和形状工具绘制袖口、下摆罗纹的路径，设置轮廓笔颜色为黑色，宽度为0.5mm，设置填充颜色为C93、M55、Y8、K0，效果如图7-22所示，此时的整体效果如图7-23所示。

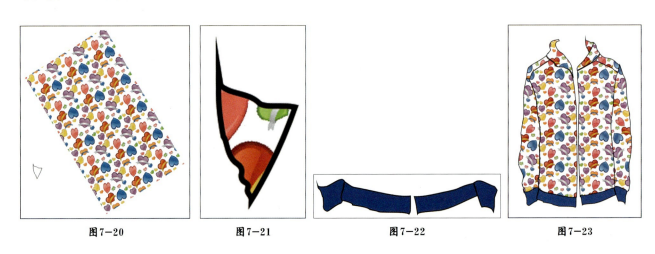

| 图7-20 | 图7-21 | 图7-22 | 图7-23 |

（11）绘制上衣内搭黄色T恤局部。使用贝塞尔工具和形状工具绘制如图7-24所示的图形，并填充黄色。

（12）绘制卫衣的帽带。使用贝塞尔工具和形状工具绘制卫衣的轮廓，设置轮廓笔颜色为黑色，宽度为0.5mm，设置填充颜色为C93、M55、Y8、K0，效果如图7-25所示；绘制卫衣的蓝色拉链，为拉链填充渐变色，其参数设置如图7-26所示，此时的整体效果如图7-27所示。

（13）绘制右、左裤腿。使用同样的方法导入爱心四方连续图案，调整其角度与大小；使用贝塞尔工具和形状工具绘制右、左裤腿的路径，设置轮廓笔颜色为黑色，宽度为0.5mm，执行"放置在容器中"命令，将图案置于裤腿路径，其过程及效果如图7-28至图7-31所示。

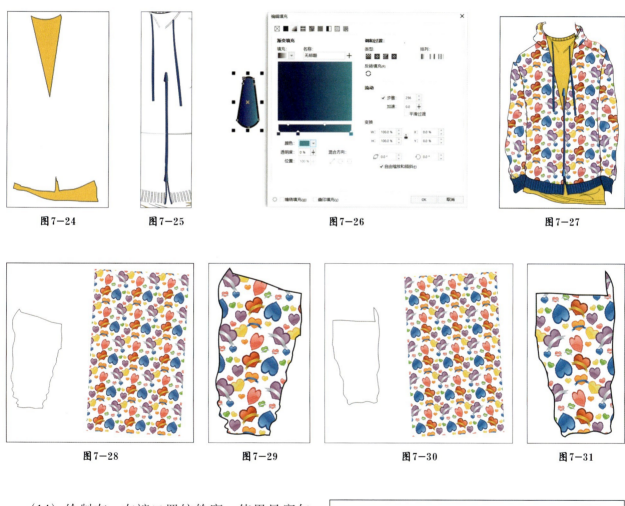

图7-24　　图7-25　　图7-26　　图7-27

图7-28　　图7-29　　图7-30　　图7-31

（14）绘制左、右裤口罗纹轮廓。使用贝塞尔工具和形状工具绘制裤口罗纹的路径，设置轮廓笔颜色为黑色，宽度为0.5mm，设置填充颜色为C93、M55、Y8、K0，效果如图7-32所示。

图7-32

（15）绘制左、右裤口罗纹。分别使用贝塞尔工具、形状工具和调和工具，绘制整体服装的罗纹路径，设置轮廓笔颜色为黑色，宽度为发丝，效果如图7-33所示。

（16）为了使服装具有立体感，要根据人体的结构绘制衣纹。绘制衣纹的暗部，使用贝塞尔工具和形状工具绘制衣纹形状；激活渐变填充工具进行填充，填充后的效果如图7-34所示；为了让衣纹更好地融入服装中，完成渐变填充后需执行透明设置，效果如图7-35所示；勾画衣纹线，如图7-36所示；此时的整体效果如图7-37所示。

图7-33

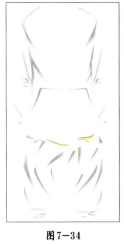
图7-34

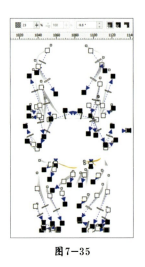
图7-35

图7-36

图7-37

（17）绘制鞋子。使用贝塞尔工具绘制如图7-38所示的路径。根据设计需要依次填充颜色：蓝色（C95、M64、Y6、K0）；橘黄色（C1、M66、Y94、K0）；浅绿色（C33、M5、Y91、K0）。鞋子的效果如图7-39所示。

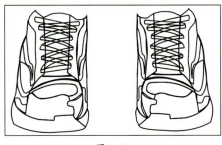
图7-38

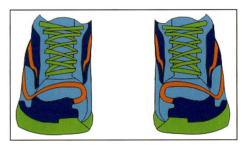
图7-39

图7-40

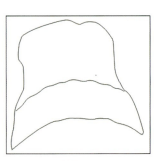
图7-41

（18）导入一个写实的头部效果图（图7-40）。单击鼠标右键，在弹出的对话框中选择"顺序"选项，将头像置于页面后面，使用贝塞尔工具勾画帽子的轮廓，效果如图7-41所示。

（19）绘制眼镜。使用椭圆形工具绘制眼镜的轮廓，设置轮廓笔颜色为C0、M60、Y100、K0，宽度为 0.75mm，激活渐变填充工具，设置如图 7-42、图 7-43 所示的渐变参数，眼镜的效果如图 7-44 所示。

（20）绘制手部、腿部皮肤及暗部。从图 7-34 中可以看出，手部与腿部效果并不完善，因此需要增加暗部及皮肤效果。使用贝塞尔工具和形状工具绘制手部、腿部皮肤的路径，将皮肤颜色填充为 C0、M23、Y27、K0，设置轮廓笔颜色为黑色，宽度为 0.2mm，将暗部颜色填充为 C15、M37、Y35、K0，设置轮廓线为"无"，效果如图 7-45 和图 7-46 所示。最终的写实风格服装画如图 7-1 所示。

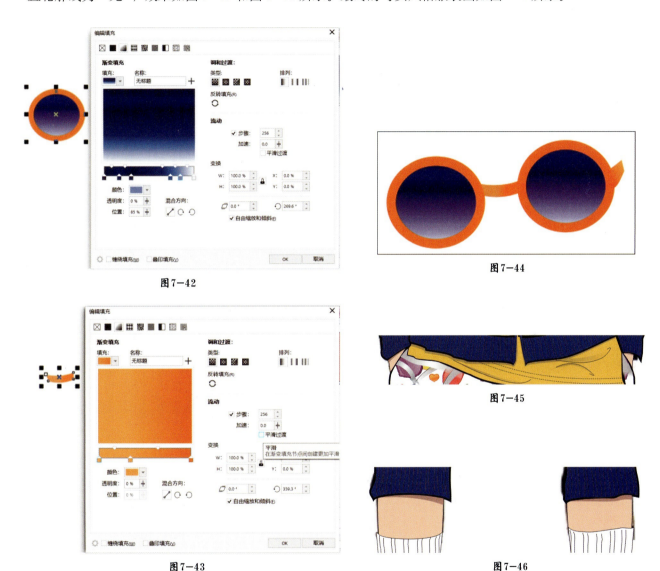

图 7-42

图 7-44

图 7-43

图 7-45

图 7-46

## 7.2　装饰风格的服装画

装饰风格的服装画能够准确地表达服装设计构思的主题。运用夸张、变形、渲染等手法，将设计作品按照一定的装饰美感形式表现出来，便是装饰风格的服装画。装饰风格的服装画适合表现装饰味浓郁、细节特征明显的服装，如格子、条纹、色彩对比强烈的图案等，都是装饰风格惯于采用的形式。装饰风格的服装画本身也具有很强的装饰性。本节将对图 7-47 所示的效果图进行讲解。

操作步骤如下：

(1) 新建文档，其参数设置如图7-48所示。

图7-47

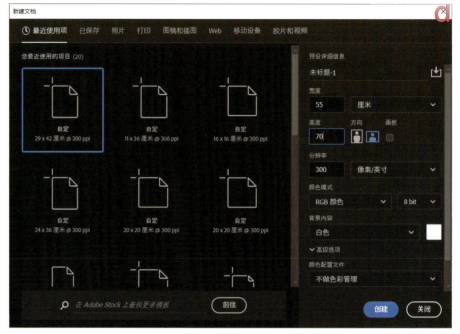

图7-48

(2) 新建图层并命名为"椭圆"，使用钢笔路径工具绘制一个近似椭圆的路径，单击鼠标右键，执行"描边路径"命令，设置画笔的笔触为硬笔笔触，笔触大小为200像素，效果如图7-49所示。

(3) 新建图层并命名为"人体1"。使用钢笔路径工具绘制如图7-50所示人体轮廓的路径，单击鼠标右键，将路径转化为选区，执行"编辑"/"填充"命令，设置填充色为R19、G48、B86，效果如图7-51所示。

图7-49

图7-50

图7-51

(4) 新建图层并命名为"人体左腿"，使用钢笔路径工具绘制如图7-52所示左腿轮廓的路径，同步骤(3)一样，设置填充色为R19、G48、B86，效果如图7-53所示。新建图层并命名为"人体右腿"，采用同样方法完成如图7-54、图7-55所示的效果。此时的效果如图7-56所示。

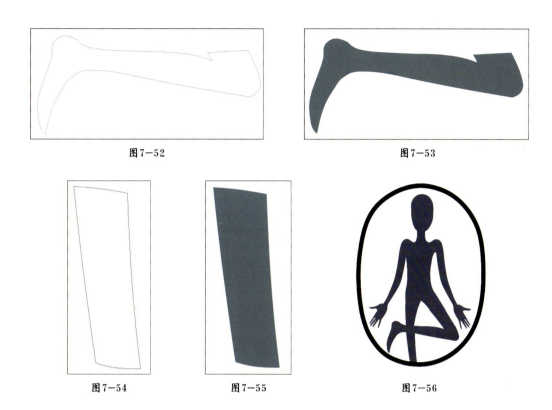

图7-52　　　　　　　　　　图7-53

图7-54　　　图7-55　　　图7-56

（5）在"人体1"图层下新建图层，并命名为"头发层1"，使用钢笔路径工具绘制如图7-57所示的路径；单击鼠标右键，将路径转换为选区，填充黑色，效果如图7-58所示。新建图层并命名为"头发层2"，采用同样方法，完成如图7-59、图7-60所示的效果。

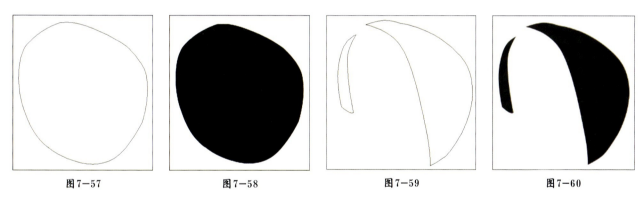

图7-57　　　　图7-58　　　　图7-59　　　　图7-60

（6）在头发层上新建图层并命名为"帽子"，激活钢笔路径工具绘制如图7-61所示的帽子轮廓路径，将路径转化为选区后填充白色，效果如图7-62所示。新建图层并命名为"帽子层1"，使用同样的方法，完成如图7-63、图7-64所示的效果（填充色为大红色）。

（7）新建图层并命名为"衣服"，使用钢笔路径工具绘制如图7-65所示的路径并填充白色，效果如图7-66所示（为了便于显示，采用80%灰色背景）。此时的整体效果如图7-67所示。

（8）新建图层，绘制如图7-68所示的乌贼纹样路径。单击鼠标右键，执行"描边路径"命令，设置描边颜色为R150、G145、B121，笔触大小为6像素。激活矩形选框工具，框选所画的图形，执行"编辑"/"定义图案"命令，将其定义为填充图案，关闭该图层。

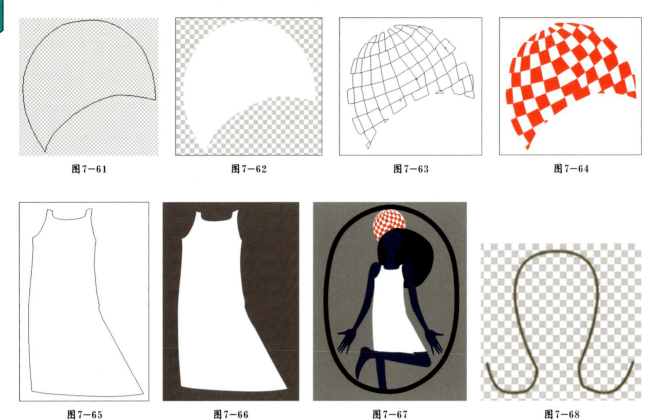

图7-61　　　　　图7-62　　　　　图7-63　　　　　图7-64

图7-65　　　　　图7-66　　　　　图7-67　　　　　图7-68

（9）复制"衣服"图层并命名为"衣服1"，按住Ctrl键，单击"衣服1"缩略图载入选区，单击"路径"画板右上角的倒三角按钮，选择"建立工作路径"选项，效果如图7-69所示；调整领子和袖子的路径，将其下移，单击鼠标右键，执行"填充路径"命令，在弹出的对话框中选择刚定义的图案，效果如图7-70所示。

（10）新建图层并命名为"衣服3"，使用钢笔路径工具绘制如图7-71所示的路径，单击鼠标右键，将其转化为选区后填充红色，效果如图7-72所示。

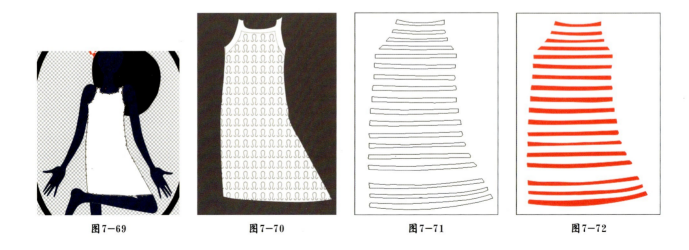

图7-69　　　　　图7-70　　　　　图7-71　　　　　图7-72

(11)新建图层并命名为"右眼睛",使用钢笔路径工具绘制右眼睛的轮廓路径并描边,设置画笔粗细为 60 像素,使用同样的方法绘制上眼皮的轮廓路径,效果如图 7-73 所示(蓝色背景是为了突出对象,完成后可删除,下同);单击鼠标右键,将其转换为选区,激活渐变填充工具,设置如图 7-74 所示的渐变参数,效果如图 7-75 所示;复制"右眼睛"图层并命名为"左眼睛",执行"编辑"/"变换"/"水平翻转"命令,将其移到合适位置,双眼效果如图 7-76 所示。

图 7-73

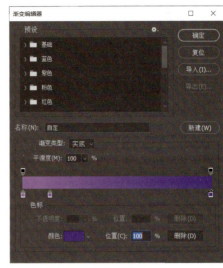

图 7-74

图 7-75

图 7-76

(12)新建图层并命名为"嘴唇",使用同样的方法绘制如图 7-77 所示的嘴唇路径,将其转换为选区后填充红色,效果如图 7-78 所示。此时,服装画基本完成,效果如图 7-79 所示。

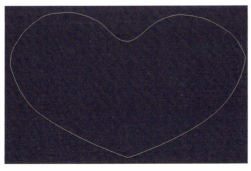

图 7-77

图 7-78

(13) 为了实现更好的效果，新建图层并命名为"装饰"。使用同样的方法绘制如图7-80所示的装饰路径，根据需要可设置不同的颜色，依次填充路径后的效果如图7-81所示。

图7-79

图7-80

图7-81

(14) 新建图层并分别命名为"装饰2""装饰3""装饰4"。同步骤（12）一样，完成图7-82至图7-86所示的效果。装饰风格服装画的最终效果如图7-47所示。

图7-82

图7-83

图7-84

图7-85

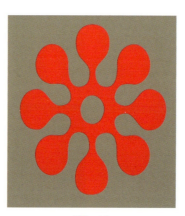
图7-86

## 7.3 插画风格的服装画

插画风格的服装画是游离在服装设计与非服装设计之间的一种即兴描绘形式，它会增强服装设计对人的吸引力。设计师本身就是很好的插画设计师，橱窗里摆放的琳琅满目的奢侈品的前身，也许就是设计师画面上的造型与线条。插画风格的服装画较随意，可繁可简，也许只有寥寥数笔或设计师的随手涂鸦，就能精准地传达设计意图和灵感，表达出设计的精髓。下文将对图 7-87 所示的插画风格的服装画进行讲解。

操作步骤如下：

（1）新建一个 A4 幅面的文档，使用贝塞尔工具绘制如图 7-88 所示的曲线路径。

（2）使用贝塞尔工具绘制如图 7-89 所示的封闭曲线路径，填充黑色，其组合效果如图 7-90 所示。

图7-87

图7-88

图7-89

图7-90

（3）使用贝塞尔工具绘制如图 7-91 所示的眼睛封闭轮廓，并填充黑色。使用同样的方法绘制紫色眼影轮廓，激活渐变填充工具，设置如图 7-92 所示的参数并填充颜色。调整眼影与眼睛的上下关系。此时眼睛的整体效果如图 7-93 所示。

图7-91

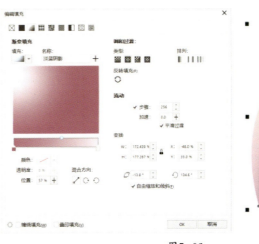

图7-92

（4）绘制金色菱形装饰。使用贝塞尔工具绘制菱形轮廓路径，设置如图7-94所示的渐变填充。将这个图形复制多个，排列成如图7-95所示的效果；将重新排列后的图形群组并复制，排列成如图7-96所示的效果。此时头饰的效果如图7-97所示。

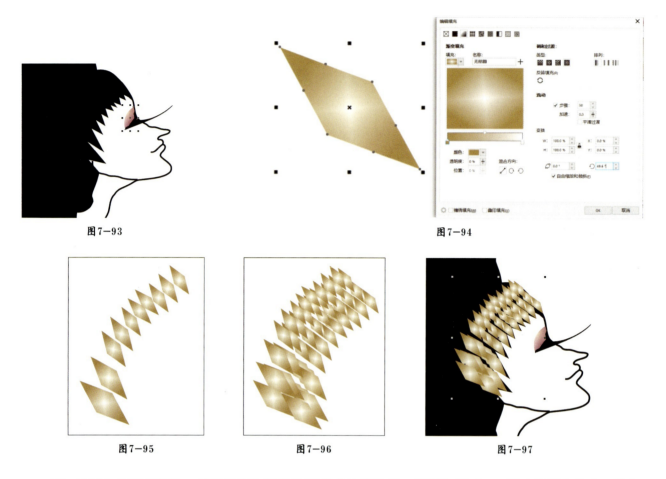

图7-93　　　　　　　　　　　　　　　图7-94

图7-95　　　　　　图7-96　　　　　　图7-97

（5）绘制金色羽毛装饰。使用贝塞尔工具绘制羽毛轮廓路径，设置如图7-98所示的渐变填充；执行"位图"/"转换为位图"命令，将羽毛转换为位图，激活形状工具，将其变形为如图7-99所示的效果。金色羽毛的装饰效果如图7-100所示。

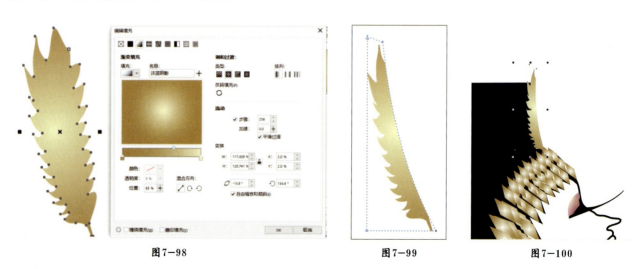

图7-98　　　　　　　　　　图7-99　　　　　图7-100

(6)绘制嘴唇字母。激活贝塞尔形状工具,绘制如图7-101所示的嘴唇路径;激活文本工具,将鼠标指向路径,当其变成插入符时单击,输入如图7-102所示的字符。

(7)激活选择工具。选择字符,单击鼠标右键,在弹出的菜单中选择"转化为曲线"选项,删除路径,效果如图7-103所示。

(8)绘制紫色、黑色装饰。使用贝塞尔形状工具绘制紫色、黑色路径,注意设置线的粗细,效果如图7-104所示。最终完成的插画风格的服装画如图7-87所示。

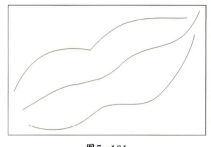

图7-101

图7-102

图7-103

图7-104

## 7.4 写意风格的服装画

写意风格的服装画运笔简洁,虽寥寥数笔却能勾勒出服装的动态效果,并且所传达的信息准确传神。一些著名的品牌服装设计师善于绘制写意风格的服装画,这种风格的服装画既可以传达设计师的设计构想,又可以恰当地表现服装的动态展示效果,尤其在每年的时装发布会上,设计师多采用这种形式的时装画。图7-105、图7-106所示为写意风格的时装画。

图7-105

图7-106

## 7.5　卡通风格的服装画

卡通作为一种艺术形式最早起源于欧洲。"卡通"一词来源于CARTOON，卡通风格服装画的特点是根据卡通风格演变过来的，绘制时常采用平涂、勾线的手法，造型概括而简练。20世纪八九十年代的服装设计师受动画片的影响，为迎合年轻消费者的心理需求，在绘制服装效果图时，多采用卡通风格。图7-107所示为卡通风格的服装画。

图7-107

## 课后练习

1. 参照图7-107绘制两张卡通风格的服装画。

2. 知识扩展。党的二十大报告提出："加大文物和文化遗产保护力度，加强城乡建设中历史文化保护传承，建好用好国家文化公园。"敦煌是拥有众多壁画的石窟群之一，这些壁画是人类文化艺术的瑰宝。敦煌壁画中大量的服饰资料是研究服饰文化具有代表性的形象资料，借助这些比较完整的资料可研究古代服饰的形制及发展演变。阅读资料可以为服装画提供广泛的素材，丰富服装画风格。认真学习下列二维码中敦煌服饰课程，列举3~5个例子对比说明其在现代服装设计中的运用。

3. 设计延伸：以唐代敦煌壁画人物服饰为灵感源，绘制中国风格的服装画。

【敦煌服饰1】　【敦煌服饰2】　【敦煌服饰3】　【敦煌服饰4】　【敦煌服饰5】

# 第八章　中国传统节日服饰设计

为了更好地保护和传承中国传统节日文化，国家以法定节假日的形式纪念这些传统节日，强化节日印记。我国的传统节日主要有春节、元宵节、清明节、端午节、七夕节、中秋节、重阳节等，为了营造节日气氛，人们会根据传统节日的特点设计特定的服饰。本章选择端午节、重阳节服饰设计作为案例进行解析。

## 8.1 Procreate 端午节礼服设计

Procreate 是一款强大的绘画应用软件，设计师可以通过其简易的操作系统和专业的功能集合，进行素描、填色、设计等艺术创作。本案例创作过程中使用到的画笔笔刷均为 Procreate（版本 5.2.2）自带的笔刷，无须额外下载。案例作品如图 8-1 所示（王晓瑜作品）。

操作步骤如下：

（1）新建画布，其参数设置如图 8-2 所示，画布大小一般根据作品展示规格来确定。

图 8-1　　　　　　　　　　　　　　　　　图 8-2

（2）绘制模特轮廓。新建图层并命名为"模特线稿"，激活画笔工具，如图 8-3 所示，在"画笔库"中选择"素描"/"6B 铅笔"笔刷，将画笔尺寸设置为 16%，绘制如图 8-4 所示的模特线稿（绘制过程需

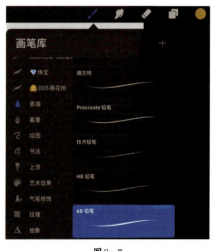

图 8-3　　　　　　　　　　　　　　　　　图 8-4

要根据个人使用工具的熟练程度不同进行反复修改，此处不再赘述）。

（3）填充模特面部的肤色。新建图层并命名为"模特肤色"，如图 8-5 所示，选取肤色（H19°、S17%、B96%；R246、G218、B105）；激活画笔工具并选择"气笔修饰"/"硬气笔"笔刷填充图层，效果如图 8-6 所示。

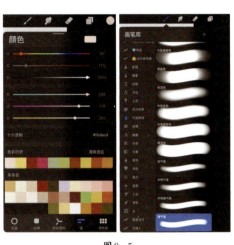

图 8-5　　　　　　　　　　　图 8-6

（4）绘制皮肤质感。以头部为例，在"模特肤色"图层上新建图层并命名为"皮肤质感1"，双击该图层（图 8-7），在弹出的下拉菜单中执行"剪辑蒙版"命令；选取深肤色（H19°、S36%、B92%；R234、G176、B149），激活画笔工具并选择"喷漆"/"中等喷嘴"笔刷进行绘制，将画笔尺寸设置为5%，绘制效果如图 8-8 所示。

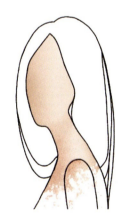

图 8-7　　　　　　　　　　　图 8-8

（5）在"皮肤质感1"图层上新建图层并命名为"皮肤质感2"，用同样的方法执行该图层"剪辑蒙版"命令；选取粉肤色（H13°、S46%、B95%；R243、G156、B131），激活画笔工具并选择"喷漆"/"轻触"笔刷在模特的脸颊、脖颈及肩膀处叠加颜色，将画笔尺寸设置为2%，绘制效果如图 8-9 所示。

（6）在"皮肤质感2"图层上新建图层并命名为"皮肤质感3"，用同样的方法执行该图层"剪辑蒙版"命令；选取朱红色（H16°、S98%、B97%；R246、G69、B5），激活画笔工具并选择"喷漆"/"轻触"笔刷叠加颜色，将画笔尺寸设置为2%，绘制效果如图8-10所示。此时的"图层"面板如图8-11所示。

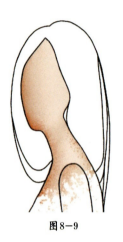
图8-9

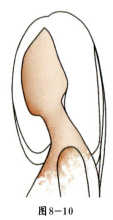
图8-10

图8-11

（7）调试画笔参数，执行"笔刷"/"描边路径"/"流线"命令（图8-12），调大流线参数值到100%。

（8）绘制发丝并填充头发颜色。新建图层并命名为"头发"，激活画笔工具，选择"着墨"/"细尖"笔刷，将画笔尺寸设置为65%，选取黑色（H67°、S52%、B0%；R0、G0、B0）绘制发丝，更换笔刷为"气笔修饰"/"硬气笔"，填充颜色，效果如图8-13所示。

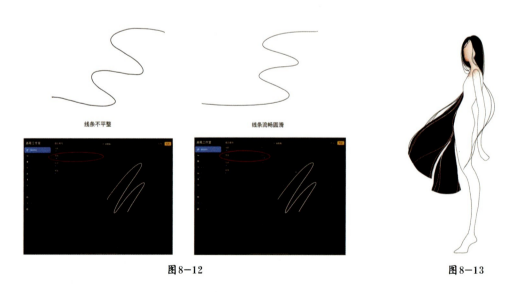
图8-12　　　　　　　　　　　　图8-13

（9）绘制服装线稿。新建图层并命名为"服装线稿1"，激活画笔工具，选取"素描"/"6B铅笔"笔刷，将画笔尺寸设置为15%，绘制模特裙装，效果如图8-14所示；新建"服装线稿2"图层，绘制袖子，效果如图8-15所示；新建"服装线稿3"图层，选取红色（H357°、S100%、B84%；R215、G0、B10）绘制服装的装饰线，效果如图8-16所示。

图8-14

图8-15

图8-16

（10）填充裙子底色。新建图层并命名为"裙子底色"，选取砖红色（H16°、S63%、B70%；R179、G97、B66）填充裙子并设置效果为"正片叠底"，效果及参数分别如图8-17和图8-18所示。

（11）绘制裙子花纹。在"裙子底色"图层上新建图层并命名为"裙子花纹1"，激活画笔工具，选取"绘图"/"奥伯伦"笔刷，将画笔尺寸设置为2%。双击该图层，在弹出的下拉菜单中执行"剪辑蒙版"命令，画出艾叶花纹并填充红色（H11°、S86%、B66%；R169、G49、B23），将图层设置为"正片叠底"，效果如图8-19所示。

图8-17

图8-18

图8-19

（12）绘制裙子花纹2。在"裙子花纹1"图层上新建图层并命名为"裙子花纹2"，双击该图层，在弹出的下拉菜单中执行"剪辑蒙版"命令，激活画笔工具，选取"喷漆"/"喷溅"笔刷，将画笔尺寸设置为10%，画出深红色（H4°、S64%、B37%；R94、G38、B34）底纹，将图层设置为"正片叠底"，将"不透明度"设置为66，效果如图8-20所示。

(13)绘制裙子褶皱处的阴影。在"裙子花纹2"图层上新建图层并命名为"裙子褶皱阴影",执行"剪辑蒙版"命令,设置图层样式为"正片叠底"效果;激活画笔工具,选择"气笔修饰"/"软气笔"笔刷,将画笔尺寸设置为6%,选取灰色(H0°、S0%、B58%;R147、G147、B147),画出裙子褶皱处的阴影,效果如图8-21所示。

(14)填充上衣前片底色。新建图层并命名为"上衣前片底色",激活画笔工具,选择"气笔修饰"/"硬气笔"笔刷,填充鹅黄色(H30°、S30%、B97%;R247、G210、B174),效果如图8-22所示。

(15)绘制上衣前片底纹。在"上衣前片底色"图层上新建图层并命名为"上衣前片底纹",执行"剪辑蒙版"命令;激活画笔工具,选取"喷漆"/"喷溅"笔刷,将画笔尺寸设置为12%,叠加砖红色(H11°、S88%、B87%;R221、G63、B26)花纹,效果如图8-23所示。

图8-20　　　　　图8-21　　　　　图8-22　　　　　图8-23

(16)填充上衣后片及袖子底色。新建图层并命名为"上衣后片及袖子底色",选取绿色(H60°、S29%、B45%;R116、G116、B82)填充该图层,设置图层样式为"正片叠底",效果如图8-24所示。

(17)绘制后片及袖子底纹。在图层"上衣后片及袖子底色"上新建图层并命名为"后片及袖子底纹",执行"剪辑蒙版"命令;激活画笔工具,选取"喷漆"/"喷溅"笔刷,将画笔尺寸设置为6%,叠加深绿色(H76°、S42%、B38%;R86、G97、B56)花纹,效果如图8-25所示。

(18)绘制袖子阴影。新建图层并命名为"袖子阴影",激活画笔工具,选择"气笔修饰"/"软气笔"笔刷,将画笔尺寸设置为5%,选取灰色(H0°、S0%、B74%;R189、G189、B189)画出袖子阴影,设置图层样式"正片叠底",效果如图8-26所示。

图 8-24　　　　　　　　　　　图 8-25　　　　　　　　　　　图 8-26

## 8.2　Photoshop 重阳节礼服设计

作品《深秋·村野图》（郭晓辉作品，图 8-27），灵感来源于中国的传统节日——重阳节，该节日是在每年农历九月初九，也就是深秋的季节。重阳节有登高祈福的习俗，故重阳节也有"登高节"之称。在设计上，主要想呈现出深秋的景象，所以选取了古时深秋的山景图片作为图案装饰，在色彩的运用上，选取了秋天大地、草木的色彩，呈现出一番拙朴的韵味。

操作步骤如下：

（1）新建文档，其参数设置如图 8-28 所示，一般情况下画布大小依据作品展示规格而定。

（2）绘制线稿。新建图层并命名为"线稿"，激活画笔工具，在如图 8-29 所示的"画笔"面板中选

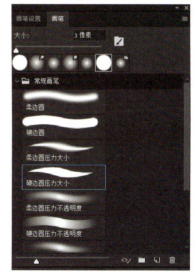

图 8-27　　　　　　　　　　　图 8-28　　　　　　　　　　　图 8-29

择两头细、中间粗的画笔绘制线稿,将画笔的硬度设置为100%,效果如图8-30所示(绘制该线稿时可以通过手绘板完成)。

(3)填充外套底色。新建"外套底色"图层,激活钢笔路径工具命令,将要填充的外套部分描绘路径(图8-31),将路径转化成选区,设置填充颜色为R128、G113、B90,填充效果如图8-32所示,最后取消选区即可。

图8-30　　　　　　　　　　图8-31　　　　　　　　　　图8-32

(4)新建"外套底色"图层,设置填充颜色为R60、G52、B41;用同样的方法创建选区,再填充几个色块,效果如图8-33所示,此时的"图层"面板如图8-34所示。

(5)填充外套领子底色。新建"领子底色"图层,设置填充颜色为R193、G177、B129,用同样的方法创建选区,填充效果如图8-35所示。

图8-33　　　　　　　　　　图8-34　　　　　　　　　　图8-35

（6）填充毛衣底色。新建"毛衣底色"图层，设置填充颜色为R205、G189、B160，用同样的方法创建选区，填充效果如图8-36所示。

（7）填充裙子底色。新建"裙子底色"图层，设置填充颜色为R176、G161、B112，用同样的方法创建选区，填充效果如图8-37所示。

图8-36

图8-37

图8-38

（8）填充背包底色。新建"背包底色"图层，设置填充颜色为R205、G189、B160，用同样的方法创建选区，填充效果如图8-38所示，此时的"图层"面板如图8-39所示。

（9）给领子贴面料。激活钢笔路径工具，顺着领子外轮廓描绘路径；打开素材棉麻面料，将其复制至文档中，并命名为"领子面料"，调整位置与大小，放在领子处（图8-40）。将路径转换成选区，效果如图8-41所示。

图8-39

图8-40

图8-41

(10) 执行"选择"/"反选"命令，按 Delete 键，删除领子多余的面料，设置图层样式为"正片叠底"，效果如图 8-42 所示，此时的"图层"面板如图 8-43 所示（为了显示更清晰，将其他图层临时关闭）。

(11) 用同样的方法将领子的上半部分填充同样图案，效果如图 8-44 所示。

图 8-42

图 8-43

图 8-44

(12) 给外套领子贴图案。打开素材图片（图 8-45），采用上述方法填充衣领图案，将图层样式设置为"正片叠底"，将不透明度设置为 45%，效果如图 8-46 所示（填充中应注意素材的角度）。

(13) 绘制外套贴图案。激活钢笔路径工具，绘制如图 8-47 所示的树枝形状路径，设置填充颜色为 R85、G77、B64，将路径转换成选区后填充颜色，效果如图 8-48 所示。

图 8-45

图 8-46

图 8-47

图 8-48

(14) 给外套添加虚线装饰。激活钢笔路径工具，设置如图 8-49 所示的属性栏参数：描边颜色为 R180、G165、B112，描边宽度为 1.12 点，线形为"虚线"，效果如图 8-50 所示。

(15) 给裙子贴图案。激活钢笔路径工具（图 8-51），按照设计思路沿裙子局部外轮廓描绘路径；打开一张深秋风景图片（图 8-52），调整角度与大小，采用步骤（9）的方法填充图案，设置图层样式为"正片叠底"，不透明度为 80%，效果如图 8-53 所示。

图8-49

图8-50 　　　　　图8-51 　　　　　图8-52 　　　　　图8-53

（16）采用上述方法填充裙子另外两处图案，效果如图8-54所示。

（17）绘制裙子装饰线。激活钢笔路径工具，设置前景色为R238、G234、B221和R203、G194、B167，分别为裙子轮廓绘制装饰线，效果如图8-55所示。

（18）给针织面料贴图案。采用步骤（15）的方法给毛衣填充图案，将图层的不透明度设置为40%，效果如图8-56所示。

图8-54　　　　　图8-55　　　　　图8-56

（19）给背包贴图案。打开素材图片（图8-57），采用步骤（15）的方法给背包填充图案，将图层的不透明度设置为75%，效果如图8-58所示。

（20）给外套贴图案。打开素材图片，如图8-59所示，采用步骤（15）的方法给外套填充图案，效果如图8-60所示。此时，服装部分的效果图基本完成，效果如图8-61所示。

（21）填充鞋子、皮肤底色。采用步骤（3）的方法给鞋子、皮肤填充颜色，分别设置填充颜色为R99、G87、B63和R99、G87、B63，效果如图8-62、图8-63所示。

图8-57

图8-58

图8-59

图8-60

图8-61

图8-62

图8-63

(22) 添加高光、阴影。激活画笔工具（图 8-64），将画笔的不透明度设置为 40%，给服装添加高光；激活加深工具，为服装添加阴影，高光、阴影效果如图 8-65 所示。

(23) 添加人物头部。通过寻找不同素材将效果图完善，将线稿的不透明度调至 50%，效果如图 8-66 所示。

图8-64

图8-65

图8-66

## 课后练习

1. 试运用 Procreate 软件绘制两张传统风格的服装画。

2. 知识扩展。党的二十大报告提出:"实践没有止境,理论创新也没有止境。"女红,亦作"女工""女功",属中国民间艺术,又被称为母亲的艺术,纺织、编织、缝纫、刺绣、拼布、剪花、浆染等,都可称为"女红"。请认真学习下列二维码中的女红技艺课程,并分析说明其在现代服装设计中的运用。

3. 设计延伸:利用 Procreate 软件展现刺绣、剪纸女红技艺的作品;选取中国传统节日——中秋节进行服饰设计创作。

【女红技艺1】　【女红技艺2】　【女红技艺3】　【女红技艺4】　【女红技艺5】

# 第九章 服装创意设计效果图排版设计

服装创意设计效果图排版设计涉及多个方面，需要综合考虑主题概念、色彩搭配、图案设计、材质质感、版型布局、细节处理，以及排版风格等因素。合理的规划和设计，能够打造出具有吸引力和个性的服装创意设计效果图，提升服装品牌的影响力和市场竞争力。

## 9.1　Prcreate 国风服装创意设计效果图排版设计

操作步骤如下：

在进行本案例操作前请自行下载添加字体"黄令东齐伋复刻体"（也可更换字体）。

（1）新建文档，文档尺寸依据作品实际展示需要规格而定，此处的尺寸设置为 A3 幅面。

（2）新建图层并命名为"背景"，选取灰白色（H33°、S5%、B94%；R240、G235、B229）填充到背景图层，效果如图 9-1 所示。

（3）增加背景质感，添加杂色效果。如图 9-2 所示，执行"调整"/"杂色"/"图层"命令，调整杂色参数至 16%～18%，效果如图 9-3 所示。

图 9-1

图 9-2

图 9-3

（4）新建"背景底纹"图层。执行"操作"/"添加文本"命令，如图 9-4 所示，选择 Eina 01 字体，设置文本参数为 18.2pt、字距为 4.5%、行距为 33.0pt，字体属性设置为纵向并且左对齐，输入必要的文本，效果如图 9-5 所示。

图 9-4

(5) 选中"背景底纹"图层并复制 3 次，将复制后的图层均匀排开，如图 9-6 所示。

图 9-5                图 9-6

(6) 将 4 个文字图层合并为一个"背景底纹"图层，执行"栅格化"命令，将图层样式设置为"柔光"，效果如图 9-7 所示。

(7) 添加字体。本案例使用的字体的是"黄令东齐伋复刻体"，网上下载添加即可，效果如图 9-8 所示。

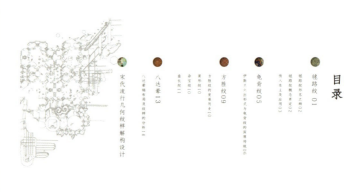

图 9-7                        图 9-8

(8) 添加主题。在画布中间添加系列服装名称"一瞥惊鸿"，设置文字尺寸为 69.0pt，纵向排列，"栅格化"该文字，效果如图 9-9 所示。

(9) 美化文字。激活画笔工具，选择"木炭"/"烧焦的树"笔触，如图 9-10 所示，对文字进行擦除美化，效果如图 9-11 所示。

(10) 将"一瞥惊鸿"图层复制 3 次，在画布中轴线上依次排列并自上而下分别将图层命名为"一瞥惊鸿 1""一瞥惊鸿 2""一瞥惊鸿 3""一瞥惊鸿 4"。

图9-9

图9-10

图9-11

(11) 如图9-12所示，分别将图层"一瞥惊鸿1""一瞥惊鸿3""一瞥惊鸿4"设置为"差值"，效果如图9-13所示。

(12) 选取红色（H358°、S79、B82%；R209、G44、B49），激活画笔工具，选择"素描"/"6B铅笔"笔触，设置画笔尺寸为16%；在如图9-14所示的位置画出"端午"印章图样，将图层样式设置为"正片叠底"。

图9-12

图9-13

图9-14

(13) 新建图层并命名为"色块1"。激活矩形选区工具，绘制矩形选区并填充蓝色（H196°、S81%、B65%；R32、G129、B165），将图层样式设置为"强光"；新建图层并命名为"色块2"，激活椭圆选区工具，绘制圆形选区并填充绿色（H67°、S56%、B91%；R216、G231、B102），将图层样式设置为"线性加深"，效果如图9-15所示。

(14) 新建图层并命名为"背景图层2"，在画布直角处添加三角形并填充砖红色（H17°、S92%、B68%；R173、G59、B14），效果如图9-16所示。

(15) 添加文字"东方"（以左下角为例）。设置字体为QIJIC（黄令东齐仅复刻体），颜色为红色（H0°、S100%、B92%；R235、G0、B0），设置文字尺寸为48.2pt，字距为19.8%，复制"东方"文字图层，将其排满三角形，将所有"东方"文字合并图层，将图层样式设置为"正片叠底"并执行"剪辑蒙版"命令，效果如图9-17所示。

图 9-15　　　　　　　　　　　图 9-16　　　　　　　　　　　图 9-17

（16）激活橡皮工具，选择"木炭"/"烧焦的树"笔触，将橡皮尺寸设置为16%，对"背景图层 2"进行擦除美化，使边缘形成一条圆顺弧线，效果如图 9-18 所示。

（17）新建图层并命名为"背景阴影"图层。激活画笔工具，选择"烧焦的树"笔触，将画笔尺寸设置为 16%，绘制"背景图层 2"的阴影效果，颜色为深砖红色（H16°、S89%、B56%；R142、G49、B15），将图层样式设置为"线性加深"，不透明度设置为75%。继续激活橡皮工具，选择"气笔修饰"/"软气笔"笔触，将阴影边缘轻擦弱化，效果如图 9-19 所示。

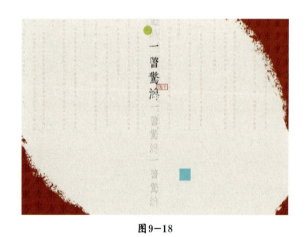

图 9-18　　　　　　　　　　　　　　　　　图 9-19

（18）插入绘制完成的"模特 1"素材，复制"模特 1"图层，并将其垂直翻转，设置复制层的不透明度为38%，形成模特倒影，效果如图 9-20 所示。

（19）使用同样的方法，根据设计需要插入其他模特素材，效果如图 9-21 所示。

图9-20

图9-21

## 9.2　Photoshop 重阳节服装设计效果图排版设计

操作步骤如下：

（1）新建文档，设置画布尺寸为 A3，方向为横向，分辨率为 300 像素 / 英寸。

（2）设置前景色为 R151、G146、B140，填充后的效果如图 9-22 所示。

（3）打开一幅如图 9-23 所示的深秋图片，将其复制至文件中并调整大小。如图 9-24 所示，设置图层样式为"正片叠底"，不透明度为 9%，效果如图 9-25 所示。

图9-22

图9-23

图9-24

图9-25

(4)激活直排文字工具,在属性栏中设置字体为"演示春风楷",字号大小为50pt,字体颜色为R143、G139、B132。按住组合键Ctrl+T,对文字进行旋转放置,效果如图9-26所示。

(5)调整该文字图层的不透明度为5%,复制该图层,将两个图层调整至合适位置,效果如图9-27所示。

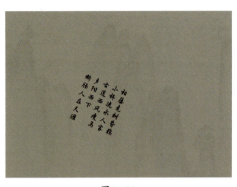
图9-26

图9-27

(6)设置前景色为R42、G37、B35。激活矩形选框工具,依次绘制长方形的选框并填充色块,长方形色块图层不透明度调整为35%,效果如图9-28所示。

(7)激活文本工具,按照输入左上角的文字说明,效果如图9-29所示。

图9-28

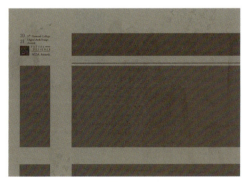
图9-29

(8)采用步骤(6)的方法绘制黑色矩形框并填充颜色(R143、G132、B117),效果如图9-30所示。

(9)激活直排文字工具,选择"汉仪商巍和风体W"字体,设置字号大小为40pt、字体颜色为R65、G59、B52,输入标题文字并添加色块,效果如图9-31所示。

(10)激活横排文字工具并输入设计说明,选择"汉仪商巍和风体W"字体,设置字号大小为14pt、字体颜色为R66、G61、B58,效果如图9-32所示。

(11)将创作完成的人物复制至文件中,调整大小和位置,效果如图9-33所示。

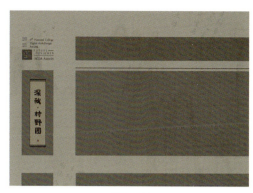

图9-30　　　　　　　　　　　　　　　图9-31

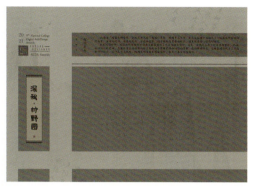

图9-32　　　　　　　　　　　　　　　图9-33

（12）如图9-34所示，复制其中一个人物（此处为了表现清楚，临时关闭其他3个人物），按住Ctrl键单击后面的人物载入选区，新建图层并填充颜色（R77、G72、B69）作为阴影，调整阴影图层的不透明度为67%，效果如图9-35所示。

（13）采用同样的方法完成其他3个人物阴影，最终效果如图9-36所示。

图9-34　　　　　　　　　　　　　　　图9-35

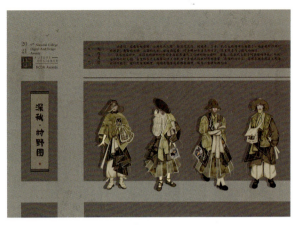

图9-36

## 课后练习

以中国传统节日元素为灵感源进行服饰设计,并进行专业排版练习,排版内容包括灵感源、设计说明、服装效果图、平面款式图。